Radioterapia y Radiología e Imágenes Médicas

Panamá, 2017

JIALEXA | RADIOTERAPIA Y RADIOLOGÍA E IMÁGENES MÉDICAS

Mis Experiencias y Apuntes | JASMINA ALEXANDER

RADIOTERAPIA Y RADIOLOGÍA E IMÁGENES MÉDICAS

Mis experiencias y apuntes

Prof. Jasmina Alexander

Radioterapia y Radiología e Imágenes Médicas

"¿DE QUÉ SIRVE SABER ALGO, SI USTED NO COMPARTE LO QUE SABE?"

—RUBÉN BLADES

Quisiera poder tener un nombre en especial a quien dedicar este libro, sin embargo, haría falta un gran número de páginas para poder mencionar a todos los colegas que en su momento compartieron experiencias, horas de trabajo, o simplemente valoraron todos y cada uno de mis aportes, por pequeños que fuesen, a fin de contribuir con el engrandecimiento de la profesión, nuestra vocación.

PRÓLOGO

"Años atrás, cuando los tecnólogos asistíamos a cursos y seminarios, los temas eran facilitados por profesionales médicos únicamente; hoy día, gracias a que el tecnólogo se está profesionalizando, hemos logrado que nosotros mismos seamos capaces de exponer los temas..."

Mgtr. Jorge Berbey
Lcdo. en Radiología e Imágenes
1er Encuentro de Estudiantes de Radiología de Panamá
Noviembre 25, 2017

PREFACIO

En Panamá, a diferencia de muchos países, la carrera de Técnico en Radioterapia se ha venido desarrollando separadamente de la del Tecnólogo en Radiología e Imágenes Médicas. En 1993, cuando incursioné en el campo como asistente técnico de Radioterapia, mi formación fue meramente empírica, a nivel institucional, en el Instituto Oncológico Nacional (ION). Recibí clases teóricas durante un año, al tiempo que realizaba mi práctica bajo la supervisión de los técnicos que en ese momento ya ejercían la profesión.

Luego de los acontecimientos de los 28 pacientes sobreirradiados a causa de fallas en el software de planificación del ION, la OEA hizo una serie de recomendaciones para aumentar las barreras de seguridad en el Servicio de Radioterapia de dicha institución y disminuir así las probabilidades de ocurrencia de accidentes; siendo una de ellas, la profesionalización del personal técnico encargado de administrar los tratamientos, a fin de lograr aumentar su seguridad al momento de tomar decisiones, así como también, el lograr una figura con la importancia que ameritaba la del técnico en radioterapia en el equipo multidisciplinario del campo de la Radioterapia. De esta recomendación, únicamente se pudo lograr la realización de un "Curso de Técnicos en Radioterapia", avalado por el Ministerio de Salud (MINSA) y el ION, con el apoyo de la Universidad de Panamá. El mismo tuvo una duración de un año y tras su culminación, los técnicos recibieron por primera vez una Idoneidad Profesional, otorgada por el MINSA.

En su contraparte, la formación de los Tecnólogos en Radiología e Imágenes Médicas, gracias a la lucha y esfuerzo de los dirigentes del gremio, ha logrado significativos avances, toda vez que se creó la carrera a nivel universitario, luego de varios cursos de formación empírica avalados por la Caja de Seguro Social, el Ministerio de Salud y el apoyo de la Universidad de Panamá. Hoy día, en nuestro país contamos con la carrera de Licenciatura en Radiología e Imágenes Médicas tanto en la Universidad de Panamá, como en centros superiores privados.

Esperamos que este gran avance logre consolidar cada una de las modalidades comprendidas en el uso de las radiaciones ionizantes con fines diagnósticos y terapéuticos, para continuar con el engrandecimiento de nuestra profesión de cara a la maquinaria tecnológica que hoy día nos ocupa.

Prof. Jasmina Alexander
Tecnóloga en Radioterapia
y Licenciada en Radiología e Imágenes Médicas
Diciembre, 2017

CONTENIDO

Rol del Tecnólogo en Radioterapia	9
Aspectos Positivos de la Digitalización en Radioterapia	15
Avances Tecnológicos en Panamá	21
Optimización en Radioterapia	27
Artefactos en Tomografía Computarizada	39
Cateterismo Cardíaco	44
Arteriografía Pélvica	71
Futuro de la Radiología en Panamá y el Mundo	90
Realidad Aumentada Aplicada a la Radiología	164
Importancia de la Química en los estudios PET-CT	175
Importancia de la Furosemida en los estudios PET-CT	194
Calidad y Discreción	204
Agradecimientos	207
Bibliografía	208

ROL DEL TECNÓLOGO EN RADIOTERAPIA

Profesionalizándonos

"El conocimiento es la conformidad del intelecto."
—*Anónimo*

Perfil del cargo

El Tecnólogo en Radioterapia está capacitado para colaborar con el Médico Radioterapeuta en la planificación del esquema de tratamiento interpretando con seguridad y precisión las instrucciones del mismo; además de ser el encargado de manipular cada uno de los equipos, elementos y accesorios utilizados para la aplicación de los tratamientos con radiación. Realiza sus funciones mediante la Simulación, Localización y Verificación de campos de tratamiento mediante procedimientos radiodiagnósticos, orienta al paciente en todos los aspectos concernientes a su simulación y tratamiento; además de la aplicación y desarrollo de procedimientos, técnicas y administración tratamientos con equipos de Cobalto 60, Aceleradores Lineales y Terapia Superficial para teleterapia y con materiales y equipos de alta, mediana y baja tasa de dosis para Braquiterapia.

Es un profesional idóneo, el cual puede ejercer sus funciones tanto en instituciones públicas, como privadas.

En términos generales, sus funciones están contempladas dentro de lo que es la aplicación de tratamientos de radioterapia, según prescripción médica, disponiendo a los pacientes para la prueba, cumpliendo las normas de dosimetría y radioprotección, así como el reglamento de la instalación radiactiva específica de su unidad, organizando y programando el trabajo bajo criterios de calidad del servicio y optimización de los recursos disponibles y administrando y gestionando la información técnico-sanitaria del servicio/unidad, bajo la supervisión correspondiente.

Resumen de actividades y responsabilidades

El Tecnólogo en Radioterapia es el responsable directo, junto con el médico, el físico y/o el dosimetrista de la realización de los exámenes radiológicos pertinentes, procedimientos y ejecución de los planes de tratamiento de radioterapia con el uso de equipos especializados. Es el responsable por el manejo de los equipos y el uso seguro y eficiente de los materiales y accesorios que utiliza para la aplicación de tratamientos en Radioterapia. Responsable de la realización de los controles mecánicos y de seguridad de los equipos y de detectar las posibles fallas en los mismos. Es responsable de proveer la protección y seguridad al paciente y familiares. Además, es responsable por los aspectos confidenciales del paciente y los concerniente a la información médica, diagnóstica y de tratamiento. De la permanente y actualizada preparación académica sobre nuevas tecnologías, protocolos y técnicas de tratamientos de Radioterapia; así como también, por la documentación, equipo y mobiliario con el cual labora.

Responsabilidad Especial:

El Tecnólogo en Radioterapia trabaja en un departamento de Radioterapia, con plena responsabilidad por las normas de protección radiológica y restricción de radiaciones ionizantes, maneja materiales fotosensibles y equipos que producen radiación ionizante, además de los equipos que utilizan material radiactivo para la aplicación de tratamientos.

Condiciones de Trabajo

Ambientales: Trabaja en un Departamento Técnico.Médico, agradable, funcional y cómodo.

Riesgos: El Tecnólogo en Radioterapia es un profesional expuesto a radiaciones ionizantes, a riesgos propios del trabajo hospitalario y al manejo de equipo que utiliza altas tensiones de corriente eléctrica en su funcionamiento.

Demanda Física: Trabaja de pie el 80% del horario diario, realiza esfuerzo físico en el manejo, traslado y manipulación del paciente y en la operación de equipos, accesorios e instrumental.

Horarios: Labora en jornadas rotativas diurnas, mixtas y de ser necesario nocturnas durante todo el año. Cubre turnos fuera de horas regulares, siempre y cuando sean debidamente remunerados o compensados.

Responsable ante: El Jefe del Servicio de Radioterapia ó el Físico Médico jefe. (según la administración de la Institución en la cual labore).

Responsable por: Ningún empleado.

Funciones o Tareas Típicas

1. Asistir al médico en la realización de la simulación de tratamientos, ya sea convencional o por CAT, mediante el posicionamiento de los pacientes, la toma de los rayos X de simulación y adquisición de los contornos.

2. Pintar y tatuar la superficie de la región que será irradiada, siguiendo las indicaciones del médico.

3. Verificar, controlar y operar los equipos especializados y accesorios de las salas de simulación y tratamiento.

4. Ajustar los campos de tratamiento, suministrar el mismo y observar los efectos y reacciones que presenten los pacientes al tratamiento o a todo el transcurso del mismo.

5. Programar los horarios de los pacientes.

6. Realizar las llamadas a los pacientes próximos a iniciar sus tratamientos.

7. Organizar los listados de simulación, inicios y replaneaciones de los pacientes.

8. Ejecutar los protocolos de tratamiento de radioterapia de acuerdo con las instrucciones de la ficha técnica o expediente.

9. Registrar la ejecución diaria de los tratamientos (tiempos o unidades monitor y dosis recibidas) en la hoja del Plan de Tratamiento.

10. Asistir al médico en la aplicación de la braquiterapia mediante la preparación y facilitación del material radiactivo a utilizar.

11. Verificar y guardar todo el material radiactivo cuando se da una aplicación intracavitaria, tipo implante o radiomodelados.

12. Preparar y equipar con instrumental y suministros las distintas bandejas quirúrgicas utilizadas en procedimientos y/o tratamientos de radioterapia.

13. Preparar informes escritos del movimiento de exámenes, procedimientos y tratamientos realizados diariamente.

14. Llevar un registro de las actividades diarias y otras informaciones necesarias para contabilidad y estadística tanto interna, como externa para ser utilizada por la administración.

15. Coordinar con la enfermera encargada la atención clínica del paciente.

16. Realizar todas las funciones administrativas (rotulación, identificación, digitalización de documentos, orientación y preparación del paciente y control de citas).

17. Preparar y operar equipo de revelado en cuarto oscuro.

Funciones Periódicas

Realiza funciones de mantenimiento menor y preventivo en el equipo y accesorio bajo su responsabilidad. Asiste al Jefe del Servicio en la orientación y coordinación del personal administrativo y asistentes del departamento.

Funciones Ocasionales

Asiste al Jefe del Servicio en la elaboración de planeamiento y programación del trabajo y en la preparación de material didáctico para el paciente, familiares y personal del hospital.

Funciones Incidentales

Maneja equipo de duplicación, fotografía y microfilmación.

Requisitos Básicos

- Idoneidad Profesional expedida por el consejo técnico de Salud del Ministerio de Salud.

- Certificado de buena salud física y mental.

ASPECTOS POSITIVOS DE LA DIGITALIZACIÓN EN RADIOTERAPIA

Digitalización

"La digitalización permite la personalización de los productos a los gustos de los usuarios, gracias a la adopción de procesos más rápidos y flexibles."
—Mercedes G. Zafra

Como profesional de la salud, al servicio de la comunidad oncológica de Panamá, he podido observar a través de mis casi 25 años de servicio, cuán importante ha sido el avance de la tecnología, la cual ha permitido la creación de nuevas técnicas de tratamiento, y por ende, ha llevado a preservar cada vez más los tejidos sanos y reducir la toxicidad en los pacientes que son sometidos a radioterapia.

La Radioterapia no es más que el uso de radiación de alta energía para tratar el cáncer. Aproximadamente, el 60% de los pacientes con cáncer reciben radioterapia en algún momento durante el curso de sus respectivos tratamientos. El proceso conlleva una serie de pasos que involucran la Simulación y Planificación previas al tratamiento.

En el año 1993, año en el que inicié mi profesión como Asistente Técnico de Radioterapia, el Instituto Oncológico Nacional contaba con 2 equipos de Cobalto 60 para el tratamiento de los pacientes y una sección de braquiterapia de baja tasa con fuentes de Cesio 137. Para entonces, a nivel privado, únicamente existía un equipo de Cobalto 60 en la Clínica Hospital San Fernando.

Estos equipos de Cobalto, contaban con una consola, las cuales, a pesar de contar con temporizadores digitales, el método de introducción de los parámetros como el tiempo de tratamiento, era de manera manual. No existía una conexión en red que permitiese transferir los parámetros desde el sistema de planificación hacia el equipo de tratamiento.

Para el proceso de simulación, se tomaban imágenes con un equipo de rayos-x convencional y se procedía a marcar sobre la placa adquirida, las áreas a proteger, para posteriormente confeccionar bloques de plomo personalizados, o bien, bloques estándares, los cuales eran accesorios de los respectivos equipos.

Así mismo, durante el proceso de planificación, los cálculos eran realizados en 2D (dos dimensiones) y a plano medio de profundidad. No existía la posibilidad en nuestro país, para aquél entonces, de realizar planificaciones que permitiesen preservar los tejidos sanos circundantes a las áreas de interés, por lo que los márgenes eran relativamente amplios.

Los tratamientos se realizaban con campos fijos, AP-PA y ortogonales. Esto ocasionaba que los pacientes obesos presentaran severas radiodermitis; los pacientes con tratamientos en el área pélvica, presentaban una gran toxicidad en recto y vejiga, y muchas otras condiciones en pacientes de diferentes diagnósticos, que eran casi imposible de evitar por las técnicas con las cuales contaban o permitían los equipos de aquél entonces.

Para el año 1999, un centro privado adquirió un acelerador lineal con una consola análogo-digital; igualmente, se introdujo la simulación virtual en nuestro país, con el uso de las imágenes de CT, las cuales eran utilizadas para la planificación de los tratamientos, lo que permitió incursionar en lo que era la planificación 3D. Aún para ese entonces, Panamá se encontraba a 20 años de atraso con respecto a los equipos y técnicas de planificación y tratamiento a nivel mundial en Radioterapia Externa. Sin embargo, con la implementación de la planificación en 3D y la ayuda de las imágenes digitales obtenidas de la tomografía, se logró disminuir la toxicidad en los pacientes de manera considerable.

Cuatro años más tarde, el Instituto Oncológico Nacional adquirió 3 aceleradores lineales que permitieron incorporar el sistema de planificación en 3D en el sector público. Estos aceleradores fueron los primeros equipos con consola completamente digitalizada y un sistema en red que permitía la transferencia de todos los parámetros de los pacientes (expediente digital). Esta modalidad, pasaba a ser una gran barrera de seguridad que permitía reducir grandemente las probabilidades de error al momento de ingresar manualmente los parámetros tales como el tiempo de tratamiento, entre otros.

Igualmente, el centro pionero en IMRT a nivel nacional, reemplazó la braquiterapia de baja tasa con fuentes de Cesio 137, por la braquiterapia de alta tasa utilizando fuentes de Iridio 192. Esto mediante un sistema automatizado que permitía dirigir las fuentes al lecho tumoral y administrar la dosis requerida en cuestión de minutos u horas.

Posteriormente, en el año 2012, a nivel del sector privado, se inicia en Panamá los tratamientos de IMRT (Radioterapia de Intensidad Modulada), los cuales permiten modular el haz de radiación, reduciendo así, muchísimo más, la toxicidad en los órganos a riesgo. Para esta técnica de tratamiento los equipos ya cuentan con un sistema de verificación mediante imágenes digitales, que permiten realizar las correcciones necesarias justo antes de iniciar cada sesión.

Ya en el año 2013, tuve la oportunidad de formar parte de la historia de la radioterapia en Panamá, operando el primer Acelerador Lineal TrueBeam STx de Centroamérica, el cual es completamente digitalizado y con alta tecnología que permite, además de utilizar tratamientos mediante la técnica IMRT, poder realizar IGRT (Radioterapia Guiada por Imágenes). Con esta técnica de tratamiento se puede corregir la posición del paciente realizando un Cone Beam CT (CBCT) al paciente, una vez posicionado en la camilla de tratamiento, a lo que se le conoce también con el nombre de radioterapia adaptativa, ya que diariamente se adaptan los parámetros del equipo a los movimientos internos de los órganos del paciente, lo que permite evitar irradiar áreas o tejidos sanos que, debido a los movimientos propios del paciente y por ende, de sus órganos, pueden provocar que sean irradiados de no verificarse mediante la adquisición de imágenes digitales justo antes de iniciar la sesión de tratamiento correspondiente.

Esto también puede lograrse hoy día mediante la utilización de sistemas de posicionamiento en Radiocirugía (tipo de radioterapia en donde se administran altas dosis de radiación en una o hasta sesiones solamente), como el sistema ExacTrac de Brain Lab, en donde podemos ver en tiempo real la posición de la lesión y así administrar el tratamiento.

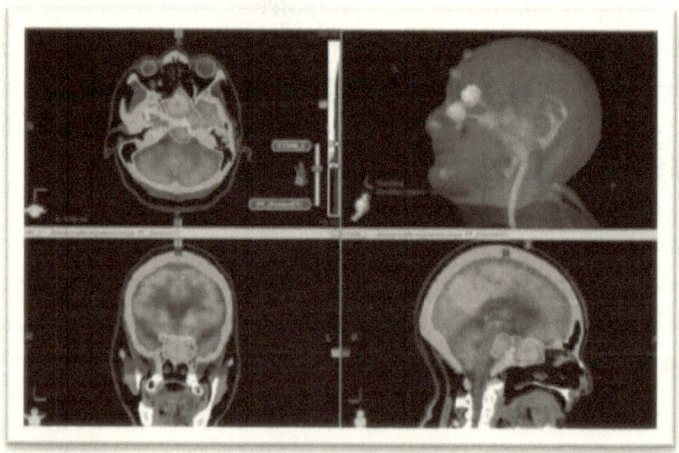

Para la fase de la simulación, los equipos tanto de simulación, planificación y tratamiento, cuentan con un "protocolo de lenguaje" que permite realizar la fusión de imágenes. De esta forma, las imágenes digitales obtenidas en el simulador virtual (CT), pueden ser fusionadas con las imágenes de RM o PET-CT para la planificación de los tratamientos; ya que, al tener un mismo origen DICOM3, la fusión de imágenes lo realizan los planificadores de una forma simple y rápida sin tener que recurrir a puntos anatómicos comunes de las dos exploraciones.

Así pues, gracias a todos estos aspectos positivos de la digitalización, en el transcurrir de los años de desempeño de mi profesión como Tecnóloga en Radioterapia y Radiología e Imágenes Médicas, he podido ver cómo nuestro país ha evolucionado a nivel tecnológico; e igualmente, he tenido la oportunidad de evidenciar, mediante la práctica, la gran importancia que tiene la digitalización en mi área de trabajo.

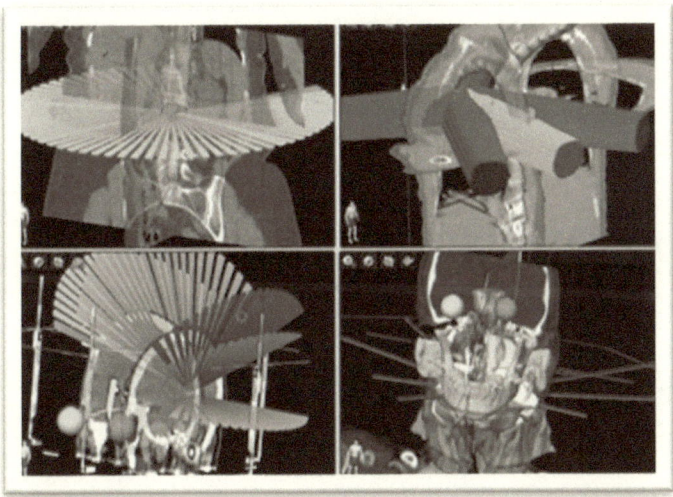

En cuanto a los beneficios, puedo asegurar que no solamente han redundado en torno al paciente, quienes hoy día, mediante la variedad de equipos y técnicas digitalizados, pueden gozar de una mejor calidad de vida, gracias a la reducción de los efectos secundarios ocasionados por la radioterapia, debido a la menor toxicidad en los órganos a riesgo; sino también, han redundado en torno a los profesionales encargados de la prescripción, planificación y administración de los tratamientos, toda vez que podemos apreciar las lesiones a tratar en toda su extensión, pudiendo supervisar en tiempo real el trabajo realizado, gracias a la tecnología 4D que llegó para quedarse.

Radioterapia y Radiología e Imágenes Médicas

AVANCES TECNOLÓGICOS EN PANAMÁ

Haciendo historia

"El que quiera hacer historia, primero que aprenda de ella."
—Marlene Dietrich

La historia de la radioterapia en Panamá, se remonta a los años 20.. Han pasado más de 90 años y es ahora que nuestro país, luego de estar rezagado 20 años en cuanto a tecnología en el campo de la radioterapia, marca fechas importantes en Latinoamérica.

En Marzo del 2013, llega a Panamá el 1er Acelerador Lineal TrueBeam STx de Latinoamérica. Esta iniciativa nace de dos jóvenes Neurocirujanos, Walter Kravcio y Rodolfo Alcedo, deseosos de implementar lo último en tecnología, mediante el TrueBeam STx, con novedosas bondades para poder tratar a pacientes con procedimientos llamados

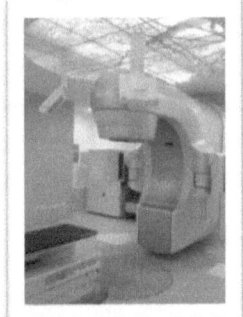

radiocirugía y radioterapia estereotáctica. Este último, un método no invasivo de tratamiento de tumores con altas dosis de radiación, el cual, con la ayuda del Sistema ExacTrac de BrainLab con el sistema Frameless, lo que brinda al paciente mayor confort, y rapidez durante la administración de su tratamiento.

En el área diagnóstica, en el 2013 Panamá se convierte en el primer país de Centroamérica en contar con un Ciclotrón de la Radiofarmacia de Centroamérica en la Ciudad del Saber

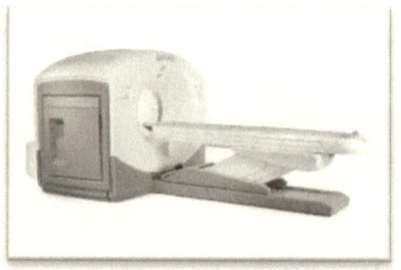

El 14 de Septiembre del 2013 llega a Panamá el primer equipo de Tomografía por Emisión de Positrones/Tomografía Computarizada (PET/CT) del país, al Centro de Tratamiento Novalis en el Hospital Punta Pacífica, el cual ha revolucionado muchos campos de diagnóstico médico, añadiendo precisión de la localización anatómica de la imagen funcional, de lo que se carecía anteriormente en un PET puro.

Por ejemplo, en oncología, la planificación quirúrgica, la radioterapia y la estadificación del cáncer han ido cambiando rápidamente bajo la influencia de la disponibilidad del PET-CT, en la medida en que muchos de los procedimientos de diagnóstico por imagen y los centros han ido abandonando gradualmente los dispositivos convencionales de PET y sustituyéndolos por PET-CT. Aunque el dispositivo combinado / híbrido es considerablemente más caro, tiene la ventaja de proporcionar ambas funciones de forma autónoma, siendo, de hecho, dos dispositivos en uno.

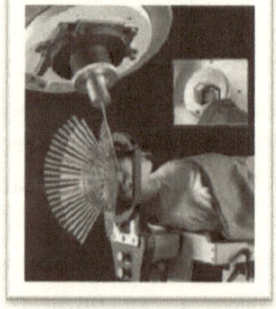

El 1 de Noviembre del 2013, se realiza en el Hospital Nacional, centro privado en la ciudad de Panamá, la 1ra Radiocirugía Estereotáctica en Panamá. La misma fue realizada utilizando conos circulares para radiocirugía, adaptados a un

acelerador lineal Trilogy de Varian Medical Systems y un marco estereotáctico atornillado a la cabeza del paciente, similar al de la imagen que se muestra a continuación, para inmovilizarlo.

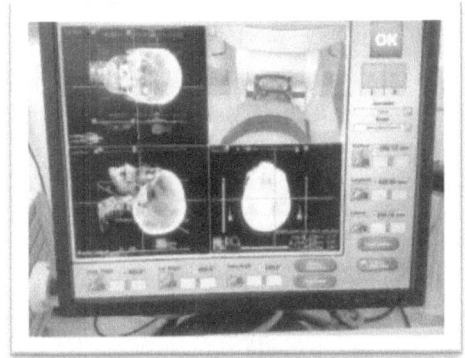

El 13 de Enero del 2014, se realiza en el Centro de Tratamiento Novalis ubicado en el Hospital Punta Pacífica (www.novalispanama.com), la 1ra Radioterapia Estereotáctica (SRT) en Panamá a una paciente diagnosticada con un Meningioma Atípico del Seno Cavernoso Izquierdo. Se utilizó el sistema ExacTrac de Brainlab en conjunto con el Sistema TrueBeam STx de Varian Medical Systems, siendo el primer caso tratado con esta tecnología en toda Latinoamérica. Equipo multidisciplinario: Dr. Antonio De Salles (neurocirujano asesor), Dr. Waltter Kravcio (neurocirujano), Dr. Yassir Ruíz (radio-oncólogo), MSc. Benjamín Jaén y MSc. Eladio Ábrego (físicos médicos), TRIM-TRT Jasmina Alexander y TRIM-TRT Manuel Miller (técnicos).

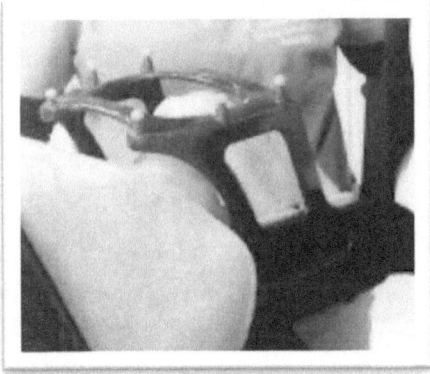

El 25 de Febrero del 2014, se realiza en el Centro de Tratamiento Novalis, la 1ra Radiocirugía Estereotáctica (SRS) Frameless en Panamá con una dosis única a un paciente diagnosticado con Neurinoma del Acústico (Schwanoma Vestibular). Esta modalidad de tratamiento es realizada a base de máscaras de inmovilización para radiocirugía y el Sistema ExacTrac de Brainlab en conjunto con el Sistema TrueBeam STx de Varian Medical Systems, el cual utiliza MMLC HD (Colimadores Micro Multi-Láminas de Alta Definición, de 2.5 mm de espesor), que permiten conformar de manera precisa el haz y proteger nervios y tejidos sanos circundantes, mucho de los cuales miden 3 mm, lo que impide que los conos puedan delimitar de manera precisa el haz sin afectar los mismos.

Con este sistema, se supera la limitación que representa la forma circular del cono y el tamaño del mismo, ya que el más pequeño tiene un diámetro de 4 mm. Equipo multidisciplinario: Dr. Antonio De Salles (neurocirujano asesor), Dr. Waltter Kravcio (neurocirujano), Dr. Yassir Ruíz (radio-oncólogo), MSc. Benjamín Jaén y MSc. Eladio Ábrego (físicos médicos), TRIM-TRT Jasmina Alexander y TRIM-TRT Manuel Miller (técnicos).

El 5 de Junio del 2014, se realizan en el Centro de Tratamiento Novalis los 3 primeros casos de Radiocirugía Estereotáctica (SRS) tratados con energía de fotones sin filtro (6xFFF) para HIM (Alta Intensidad Modulada), que permiten tasas de dosis hasta de 1400 UM/min con energía de 6x FFF y hasta 2400 UM/min con energía de 10xFFF. Cabe señalar, que los equipos TrueBeam y TrueBeam STx son los únicos actualmente con esta característica y en Panamá contamos con el único TrueBeam STx de toda Latinoamérica, el cual es una versión más avanzada del TrueBeam con el que cuenta México, adaptado precisamente para la Radiocirugía y Radioterapia Estereotáctica de alta precisión y exactitud.

Con este sistema los tratamientos se acortan en un 50% respecto a los tiempos que emplea la tecnología convencional, lo que supone no sólo un mayor confort para el paciente, sino una eficacia mucho mayor porque el tumor tiene menos tiempo para moverse (debido al movimiento corporal producido por la respiración y otros factores) en el momento en el que está recibiendo una dosis de radiación. Los diagnósticos de los 3 pacientes tratados fueron dos con Malformaciones Arteriovenosas (MAVs) y una con un Adenoma de Hipófisis, respectivamente. Equipo multidisciplinario: Dr. Antonio De Salles (neurocirujano asesor), Dr. Waltter Kravcio (neurocirujano), Dr. Yassir Ruíz (radio-oncólogo), MSc. Benjamín Jaén y MSc. Eladio Ábrego (físicos médicos), TRIM-TRT Jasmina Alexander y TRIM-TRT Manuel Miller (técnicos).

El 27 de Octubre del 2014 se realizó la primera Radioterapia Estereotáctica Corporal (SBRT) en Panamá con el equipo Novalis powered by TrueBeam STx & el sistema ExacTrac de BrainLab en el Centro de Tratamiento Novalis ubicado en el Hospital Punta Pacífica. Una paciente femenina de 60 años con 2 lesiones a columna L1 y T12 tratadas cada una con 2 arcos dinámicos, fotones de 10 MV FFF y 20 Gy con 120 MicroMLC HD en 5 sesiones. Equipo multidisciplinario: Dr. Antonio De Salles (neurocirujano asesor), Dr. Waltter Kravcio (neurocirujano), Dr. Yassir Ruíz (radio-oncólogo), MSc. Benjamín Jaén y MSc. Eladio Ábrego (físicos médicos), TRIM-TRT Jasmina Alexander y TRIM-TRT Manuel Miller (técnicos).

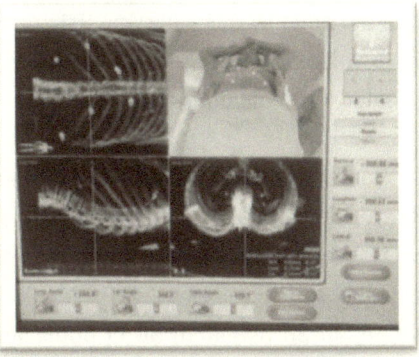

El 1 de Noviembre del 2014, se realizan los primeros estudios PET en Panamá con el PET-CT Discovery 610 de GE en el Centro de Tratamiento Novalis. Equipo multidisciplinario: Dra. Yariela Herrera (medicina nuclear), TRIM Shelbys Pacheco (técnico), MSc. Eladio Ábrego (físico encargado de protección radiológica)

En Panamá, el día 2 de junio del 2015, se atendió el primer caso de Neuralgia Trigeminal con Radiocirugía Frameless en el Centro de Tratamiento Novalis con un acelerador lineal TrueBeam STx y el sistema ExacTrac de BrainLab. La misma fue realizada por el nerurocirujano Dr. Walter Kravcio, el

radioncólogo Yassir Ruiz, los físicos médicos Benjamín Jaén y Eladio Ábrego, y los técnicos de radioterapia Jasmina Alexander y Manuel Miller, utilizando un cono de 4 mm de díametro y una dosis de 90 Gy.

Todos y cada uno de estos avances y logros de la medicina en Panamá, son motivo de orgullo e inspiración para todos y cada uno de los profesionales que participan en los procedimientos antes mencionados (neurocirujanos, radio oncólogos, físicos médicos y técnicos en radiología y radioterapia) ya que redundan en beneficio de la población panameña, reduciendo los altos gastos que conllevan el viajar a grandes Centros Especializados con la misma tecnología para poder recibir el tratamiento adecuado.

OPTIMIZACIÓN EN RADIOTERAPIA

Protección Radiológica

"La esencia de la optimización está en la gestión del detalle."
—Anónimo

La alta precisión en la entrega de la radiación ajusta la dosis prescrita al volumen blanco preservando mejor los tejidos sanos adyacentes. De manera que se puede aspirar a mejorar el índice terapéutico en dos sentidos, bien disminuyendo la toxicidad tardía cuando esta es un problema de suficiente entidad o escalando la dosis en el volumen blanco para aumentar el control tumoral sin provocar más la toxicidad. Un último componente en llegar a la radioterapia del presente resulta de importancia capital: la imagen guiada, que permite dirigir los haces de irradiación adaptándolos a los posibles cambios de posición del volumen blanco antes o durante el tratamiento.

La optimización de la protección radiológica, en la cual toda exposición será tan baja como razonablemente sea alcanzable, toma en cuenta factores económicos y sociales con el fin de asegurar la dosis adecuada en el tejido enfermo y mantener los límites establecidos en el tejido sano según los principios de ALARA. Esto implica, por tanto, la optimización del tratamiento en su conjunto.

La tarea de proteger al paciente incluye entonces la necesidad de un adecuado entrenamiento médico, correcta opinión clínica, apropiado diseño y un buen uso de las instalaciones, del equipo que produce la radiación y de los materiales auxiliares.

A continuación, se abordarán los principales puntos a considerar en la optimización de la protección radiológica, enfocados específicamente a la Radioterapia Externa.

Principios teóricos de la optimización

El objetivo principal en la protección del paciente en radioterapia es poder entregar, de manera reproducible, la dosis de radiación prescrita en el volumen blanco indicado, manteniendo la menor dosis posible en otros tejidos. La calidad total en la radioterapia ha de ser la suma de la calidad de cada paso en el proceso incluyendo simulación, posicionamiento, dosimetría, planificación y administración del tratamiento.

En la actualidad, equipos de diagnóstico se utilizan para la localización de tumores y tejido normal en la planificación de tratamientos, el cálculo de la distribución de dosis es el mayor componente de la planificación del tratamiento ya sea por cálculo manual o por computadora, los equipos de aplicación del tratamiento son cada vez más digitalizados y sofisticados y los sistemas de inmovilización permiten mantener por debajo del límite recomendado los márgenes de error, por lo que mantener la optimización de los tratamientos en radioterapia externa se convierte en un trabajo conjunto.

Optimización

La definición básica lo identifica como aprovechamiento al máximo logrando el mayor y mejor resultado posible. Aplicado a la medicina y específicamente a la radioterapia externa es entregar la dosis precisa de acuerdo a la prescripción del radioterapeuta para lograr el control de la enfermedad, con el menor riesgo a exposición no deseada.

Protección Radiológica (PR)

El principal objetivo de la protección radiológica es evitar la sobreexposición a las radiaciones ionizantes en el transporte, manejo, uso y disposición de los deshechos.

En radioterapia, contrario a lo manejado por la protección radiológica, es importante un control de las dosis de radiación con fines terapéuticos tanto si quedan por debajo como si sobrepasan los límites deseados. En ambos casos se compromete el resultado final.

Principio ALARA

Tan bajo como razonablemente sea posible es el enunciado de este principio que busca el control sobre el uso terapéutico de las radiaciones ionizantes. Se convierte así en la base de la optimización en el uso de las radiaciones en radioterapia externa y en cualquier práctica sea esta médica o no.

Aplicación en Radioterapia Externa

La radioterapia es el uso de radiaciones ionizantes en el tratamiento de enfermedades. Una apropiada selección de los diferentes tipos de radiación permite entregar una alta dosis de radiación en el volumen blanco y alcanzar reducida irradiación fuera de él.

El proceso de tratamiento con radiaciones es complicado e involucra una serie de etapas y parámetros que conllevan la posible ocurrencia de errores particularmente cuando pasa de una etapa a la otra o de un proceso a otro.

Al referirnos a la optimización en radioterapia externa, nos referimos, específicamente, a minimizar la ocurrencia de eventos en los cuales se administren dosis de radiación no planificadas.

En las instalaciones

Las instalaciones serán diseñadas de acuerdo a los parámetros de PR que garantizan la protección al personal, al paciente y al público en general.

En la construcción del bunker y la determinación de las áreas, tenemos que tomar en cuenta:

- Blindaje
- Sistemas de seguridad
- Sistemas de emergencia
- Avisos de precaución
- Señalización de las áreas
- Controles de acceso

En los centros donde se utilicen equipos con fuentes radioactivas, se debe asegurar un sistema de seguridad que retraiga la fuente a su blindaje, en caso de fallas del equipo o interrupción del suministro eléctrico.

En los equipos

Los equipos generadores de radiación incluyen indicadores de los parámetros operacionales tales como tipo de radiación, energía, modificador del haz, distancia del tratamiento, tamaño de campo, orientación del haz, tiempo de tratamiento y dosis.

Recordar que:

- Los equipos dependen del fabricante, por tanto las reparaciones que comprometen la integridad de los mismos, deberán hacerse en su presencia para garantizar el éxito.

- En los equipos que permitan tratamientos de protocolos especiales es importante que contar con selectores de estos protocolos e indicadores de que están siendo utilizados.

  RADIACION NO ENTRE cuando la LUZ ROJA esté ENCENDIDA

- Cuando el equipo detecta que está siendo usado en forma no determinada (tasa de dosis inadecuada, superar los límites de dosis establecidos), debe dar una indicación mediante mensaje visual y/o sonoro, o bloquearse hasta que el responsable introduzca un código para sustentar la exposición.

- Los equipos deberán ser diseñados de manera que puedan ser detectadas cualesquiera fallas en el sistema que incidan en la ocurrencia de exposiciones médicas no planificadas. Una serie de parámetros a considerar son:

  - Sistemas de parada automática y manual.

  - Indicadores visuales y auditivos de la presencia de radiación.

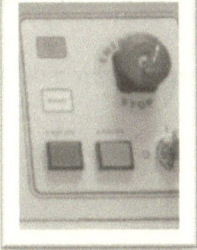

- Programas de mantenimiento preventivo y de respuesta en caso de incidentes o accidentes.

- Programas de Control de Calidad (QC).

- Cámaras monitoras independientes.

- Dos Timers independientes o Timer y cámara sincronizados (en cualquier caso, deben ser capaces de detener la radiación).

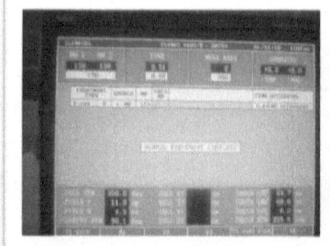

- Instrucciones sobre especificaciones y mantenimiento del equipo deben estar disponibles en lenguaje y lugar.

Evitar, por tanto, los siguientes desatinos:

➢ No verificar el equipo luego de un mantenimiento. Un desajuste en las energías puede resultar en exposición inadecuada.

➢ Operar en modos diferentes al terapéutico (físico, servicio, Mantenimiento) o que presenten daños o conflictos en los selectores de parámetros.

➢ Diferencias en los indicadores digitales y análogos o en cualquier otro indicador existente con fines comparativos o de control.

➢ Obviar o demeritar cualquier anomalía en el funcionamiento del equipo.

Para el POE

Normas básicas de PR serán la fuente de optimización en el POE.

> No es aplicable dar soporte a los pacientes durante su irradiación, nadie puede permanecer en el cuarto de tratamiento durante la irradiación.

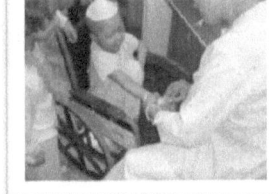

> Los niños deberán estar sedados o anestesiados para garantizar la reproducibilidad del tratamiento.

> Lo límites en las áreas controladas deberán ser tan bajas como razonablemente sea posible.

En el Paciente

Es importante asegurar optimización de la PR al paciente durante los procesos de localización, inmovilización, verificación y aplicación del tratamiento. Para ello se recomienda:

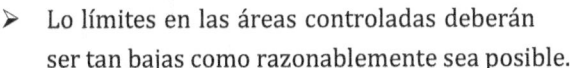

> Personalizar los dispositivos limitadores del haz y compensadores de tejido.

> Bloquear las áreas que no se desean irradiar.

> Aplicar las normas de optimización en los procesos.

En los procesos

Los procesos que se llevan a cabo en Radioterapia externa están compuestos por una serie de pasos antes, durante y después de la aplicación del tratamiento. Así tenemos:

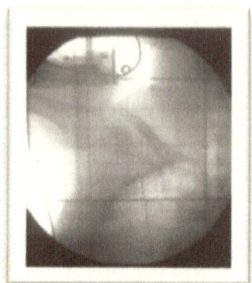

Simulación

- Alineación: es importante el correcto funcionamiento de los láseres para garantizar la reproducibilidad de la posición del paciente.

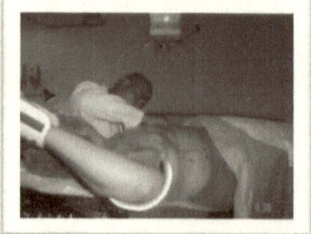

- Toma de imágenes (convencionales o tomográficas): con las que se podrá realizar el cálculo de la dosis.
- Marcación del área a tratar para fijar el sitio donde fueron tomadas las imágenes y desde donde se ubicará la posición del paciente.

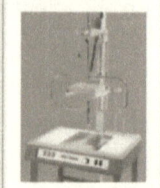

Planeación

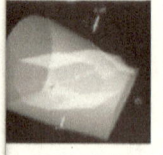

- Definición de los volúmenes a tratar

- Cálculo de la dosis o dosimetría

- Confección de Compensadores y limitadores físicos (bolus, cuñas, bloques de cerroben).

- Optimización de la distribución de la dosis (hacer la dosis homogénea en el blanco, minimizar la dosis fuera del blanco, definir el uso de la técnica adecuada)

- Modulación de la intensidad de la dosis usando colimadores multihojas

- Limitación de la exposición al área que está siendo tratada (colimadores alineados con el haz de radiación). Cuando no se utilicen limitadores del campo de radiación, este deberá ser tan uniforme como sea posible. De lo contrario se deberá reportar al proveedor.

Tratamiento

- Inmovilización y Alineación del paciente

- Verificación de los campos de tratamiento

- Aplicación del tratamiento

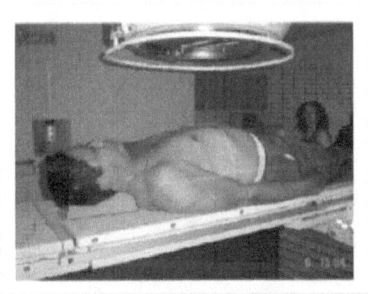

Documentación

- Registro de la sesión de tratamiento

- Valoración y aprobación de las imágenes de verificación

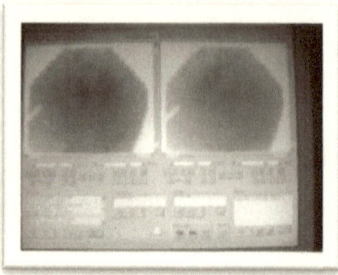

Controles de QC

Verificación periódica de los parámetros que hacen confiable el funcionamiento del equipo. Entre estos los más importantes en el control diario son:

- Indicadores primarios de presencia de radiación (en la consola y en el cuarto de tratamiento)

- Indicadores secundarios o independientes de presencia de radiación (monitores de radiación dentro del cuarto de tratamiento)

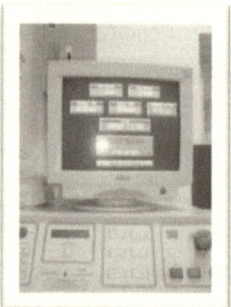

- Trabajo en equipo con el proveedor

- La radiación de fuga y la radiación dispersa deberán ser tan bajas como razonablemente sea posible.

Los aditamentos requieren controles de calidad de la integridad del material y verificación del factor de transmisión.

Seguridad

- Nunca dé su contraseña a otros.

- El uso de la consola solo deberá ser posible con contraseña y llave, especialmente para el modo físico y de mantenimiento, en los que tanto los interlock como los parámetros del equipo puedan ser cambiados.

- Ningún tratamiento deberá ser realizado en el modo servicio.

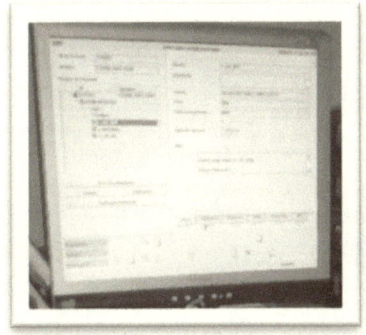

A manera de conclusión, podemos resaltar que la exactitud de la dosis aplicada depende de la calidad de los instrumentos usados y de la exactitud de su calibración así como de los procesos realizados, pero también en buena medida de la disposición del personal a cargo de mantener los principios de optimización de la radiación en su conjunto.

De todo lo desarrollado en líneas anteriores se desprende que la protección al paciente en radioterapia externa, no consiste en evitar la aplicación de la radiación sino más bien en una aplicación más sensata de la radiación, que descansa sobre la garantía de calidad en los procedimientos, técnicas, equipos utilizados y personal que interviene en el proceso total de la radioterapia.

El mejor diagnóstico, los mejores métodos de detección, la mejor planificación del tratamiento y el mejor entendimiento de los efectos radiobiológicos en tejido normal y tumoral no son válidos si no se tienen en cuenta factores modificadores, y un trabajo en equipo integral dentro del servicio de radioterapia.

Un adecuado y oportuno control de cada fase será la única garantía de la excelencia del tratamiento, para evitar exposición que puede acarrear complicaciones o evitar la aparición de nuevas formas de la enfermedad.

ARTEFACTOS

Tomografía

"Calidad significa hacer lo correcto cuando nadie está mirando."
—Henry Ford

E s por todos conocidos que la TC significó una auténtica revolución en el campo de la radiología, por su definición, precisión y versatilidad tanto en el diagnóstico como en el campo terapéutico.

Con su arreglo de detectores fue capaz de transmitir y analizar señales que luego serían reconstruidas mediante ecuaciones matemáticas (algoritmos) y presentadas en diferentes formatos de almacenamiento y visualización para su debido informe.

Independientemente de la técnica o modalidad utilizada, se comprueba que esta imagen puede verse afectada por diversos factores que influyen en la calidad de la misma, siendo uno de estos factores los llamados artefactos.

Presente o no un artefacto, la relación señal/ruido es inherente a la imagen y puede ser disminuida pero no evitada. El conocimiento de todas estas circunstancias y cómo anularlas, va a redundar en la calidad de nuestro trabajo y en la precisión del informe final.

¿Qué son los artefactos?

Son una parte integral de nuestro sistema cuyo origen se debe a factores tanto intrínsecos como externos. Están relacionados con la naturaleza de los Rayos X, la física del sistema detector, el propio paciente (estructura corporal, prótesis, movimiento), la técnica o el equipo.

¿Cómo identificarlos?

Se muestran como rayas, ruido o distorsión de la imagen y son, básicamente, errores en las imágenes. Es preciso reconocerlos para evitar ser interpretados erróneamente como signos reales de cuadros patológicos.

Clasificación de los artefactos

La naturaleza de su aparición se puede clasificar en tres grupos:

- Por razones físicas o del equipo.
- Por razones técnicas.
- Por movimiento del paciente o relacionado con él.

ARTEFACTOS POR RAZONES FÍSICAS O DEL EQUIPO

TIPO DE ARTEFACTO (MANIFESTACIÓN)	¿QUÉ LO PRODUCE?	SOLUCIÓN
EN BANDA O EN ANILLO (3° Y 4°- imágenes negras en anillo-cortes axiales, scout view-bandas o rayas)	Desajustes de los detectores por desplazamientos y holguras de los carriles que mueve el gantry.	Realizar correctamente la calibración del equipo (programa preventivo vs correctivo)
ENDURECIMIENTO DEL HAZ (sombras o rayas características – peñascos, fosa post. Y entre hígado y costillas)	Atenuación del haz	Equipos modernos- Filtros metálicos a la salida del haz, corriendo matemáticamente la curva de atenuación.
EFECTO PARCIAL DEL VOLUMEN (coinciden tejidos con valores de atenuación-densidad o tono de gris- muy diferentes, por ejemplo, hueso y aire- °silla turca –hipófisis- y pulmón)	Estructuras no homogéneas y de alta densidad parcialmente introducidas en el haz y paralelo al eje de giro del sistema. Coincidencia de tejidos con atenuación diferentes.	Reducir la apertura del colimador. Disminuir el espesor del corte.
INHOMOGENEIDAD EN EL EJE Z (emborronamiento en la imagen, debido a la integración con las estructuras adyacentes)	Desplazamiento de los detectores en el eje Z, el objeto no es homogéneo en eje Z ó más pequeño que el espesor del corte.	Reducir el espesor del corte.

ARTEFACTOS POR RAZONES TÉCNICAS

TIPO DE ARTEFACTO (MANIFESTACIÓN)	¿QUÉ LO PRODUCE?	SOLUCIÓN
FUERA DE CAMPO (imágenes con densidades no homogéneas y/o alternas – claro/oscuro)	■ Paciente mal centrado ■ FOV pequeño ■ Exceso de volumen del paciente	Centrar bien al paciente y utilizar el FOV adecuado.
DE LINEALIDAD (variación de densidad del centro hacia fuera-objeto homogéneo-; anillos parciales o rayas en la imagen)	Defecto del conjunto detector o de un solo elemento detector.	Pese a ser una avería del sistema, se puede corregir parcialmente disminuyendo la colimación.
DE ESTABILIDAD (anillos totales -como una diana- o rayas según el tipo de explorador, y en general un posible aumento de ruido).	Variaciones de sensibilidad en algunos de sus elementos detectores.	Calibrar el aparato. (autocalibración a consideración del operador)
ALIASING (el elemento de alta atenuación produce un halo de falsa alta absorción, en una o varias direcciones).	Presencia de elementos de grandes densidades.	Situar el material hiperdenso lo más cerca posible del centro del campo de medición, y aumentando el número de proyecciones, .

ARTEFACTOS POR MOVIMIENTOS DEL PACIENTE O RELACIONADO CON ÉL

TIPO DE ARTEFACTO (MANIFESTACIÓN)	¿QUÉ LO PRODUCE?	SOLUCIÓN
ACTIVOS (imágenes poco nítidas o de muy mala reconstrucción)	Movimientos voluntarios o involuntarios y respiratorios.	▪ Inmovilización ▪ Sedación ▪ Tiempos de corte más rápidos
PASIVOS	Presencia de materiales radiopacos internos o externos.	▪ Aumentar tiempo de exposición
- Internos	Prótesis, clips quirúrgicos, perdigones, restos de bario u otros metales.	▪ Disminuir el espesor del corte
- Externos	Cadenas, pulseras, anillos, etc.	▪ Retirar antes del estudio

CATETERISMO CARDÍACO

Hemodinamia

Werner Forssman, "sacrificado en el nombre de la ciencia."

Es gracias a la pericia y desobediencia del residente de cirugía: Werner Forssmann, que hoy en día podemos contar con este procedimiento que desde que, desde que este joven médico se atrevió a desafiar a su mentor para introducirse un catéter desde su brazo izquierdo hasta el corazón, teniendo el valor de subir varios escalones para poder documentarlo mediante uso de rayos X, se ha convertido en la técnica de elección para el diagnóstico y tratamiento de muchas patologías cardiacas.

El cateterismo cardíaco, es una técnica que le permite al médico cardiólogo evaluar no solo la función cardíaca, sino la función de muchas estructuras del corazón y de los vasos que irrigan y mediante la medición de algunos de sus valores de referencia poder realizar un buen diagnóstico y planear el mejor tratamiento.

Para la realización del cateterismo cardíaco, el médico introduce un catéter a través de un vaso sanguíneo (vena o arteria) del cuello a través de yugular, en el brazo a través de la arteria braquial o de la ingle a través de la arteria femoral; y lo guía hasta el corazón con la ayuda de los rayos x y el uso de medio de contraste.

Este estudio está indicado mayormente en pacientes que han sufrido infartos, ya que se busca evaluar el estado de las arterias coronarias.

Así como presenta grandes beneficios en el diagnóstico y tratamiento de afecciones cardíacas, también tiene riesgos, tales como: tromboembolismo, formación de coágulos sanguíneos, daño renal e hipotensión.

A continuación, trataremos a fondo esta técnica; equipo utilizado, medios de contraste, diagnósticos entre otros aspectos.

Hemodinámia está compuesto de los vocablos Hemo: que significa sangre y dinamia: que significa movimiento, pero a su vez flujo, presiones o velocidad, lo que nos dice que la hemodinámica es el estudio del flujo sanguíneo.

La hemodinámia es entonces una subespecialidad de la Cardiología que se dedica al estudio del flujo sanguíneo y sus patologías, mediante el uso de catéteres y otros dispositivos, pudiendo a través de ellos determinar la gravedad y localización de la lesión. Si la parte a ser evaluada son los vasos sanguíneos se denomina Coronariografía, y si son cavidades cardiacas que denomina Angiografía. Existen diferentes técnicas de abordaje para el estudio de cada una de las partes:

- Abordaje es venoso para el cateterismo del corazón derecho.

- Abordaje arterial si el cateterismo es para el corazón izquierdo y arterias coronarias.

Breve Historia

Werner Theodor Otto Forssmann fue el primero en realizar cateterismo humano mientras aún era un residente de cirugía en Alemania, siendo él mismo el primero en ser sometido a este procedimiento, aplicando también, medio de contraste mediante el mismo, en  el verano de 1929. Este procedimiento fue realizado a través de la vena cubital izquierda con el uso de anestesia local, pudiendo cateterizar el lado derecho del corazón, debido a que el catéter fue introducido 65cm hasta la aurícula derecha. Este hecho fue documentado mediante radiografía que muestra el catéter uretral cuatro French que utilizó.

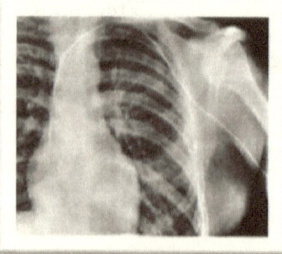 Todos los datos de sus experimentos fueron publicados en el Primer informe exitoso de la cateterización central y cardíaca en seres humanos, el cual fue publicado el de noviembre de 1929, cuyo título original fue

"Die Sondierung des Rechten Herzens", lo que traducido sería: La Cateterización del Ventrículo Derecho del Corazón.

Obtuvo el premio Nobel de Fisiología y Medicina junto a los Dres. André Cournaund y Dickinson W. Richards por sus descubrimientos sobre la cateterización cardíaca y los cambios patológicos en el sistema respiratorio en 1956.

Muere en Schopfheim el primero de junio de 1979 irónicamente, de un infarto al miocardio, la técnica que tanto lucho por perfeccionar hubiese salvado su vida.

¿Qué es el Cateterismo Cardíaco?

El cateterismo cardíaco es un procedimiento invasivo en el que se introduce de un catéter, el cual es un tubo fino y flexible, dentro de alguna de las cavidades cardíacas, ya sea el lado izquierdo o derecho. Una de las razones principales por la que se realiza este procedimiento es el obtener información sobre el corazón o los vasos sanguíneos suficiente para realizar un diagnóstico, o ya sea para como medio terapéutico en algunas afecciones del corazón y sus afluentes. Dentro de la información que se puede obtener está la presión y el flujo sanguíneo dentro de las cámaras cardiacas y realizar una gasometría.

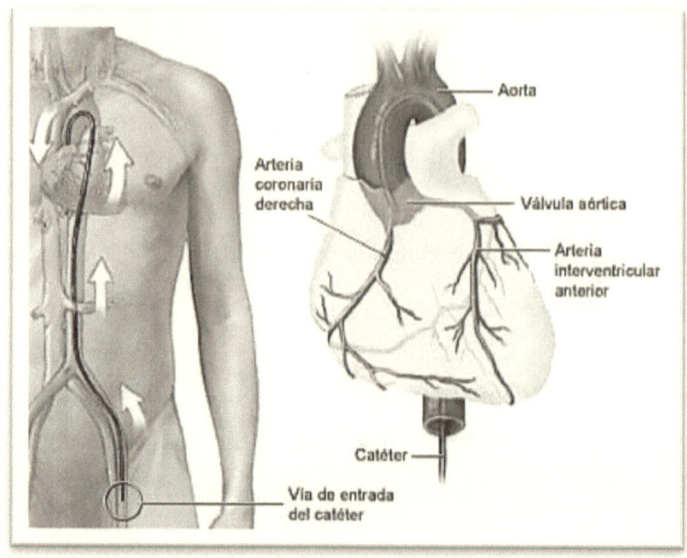

En el mismo se inyecta de un tinte especial llamado medio de contraste y mediante la utilización de la Fluoroscopía, que es una modalidad de la Radiología, es decir que usa Rayos X, se visualiza en una pantalla el recorrido del medio de contraste, la misma es "en tiempo real" y suministra un registro permanente en una filmación imágenes de las arterias coronarias, su silueta interna, por lo que a través de la misma se puede determinar si existen estrechamientos (estenosis) que disminuyen su diámetro o luz del vaso, o cavidad y en algunos casos si hay una obstrucción completa. La Angiografía Coronaria, también conocida como: Coronariografía es un método "invasivo" de diagnóstico, que permite el estudio de las arterias del corazón.

Instrumentación

En cada uno de los procedimientos se utilizan casi los mismos instrumentos, aunque algunos pueden variar. Entre ellos:

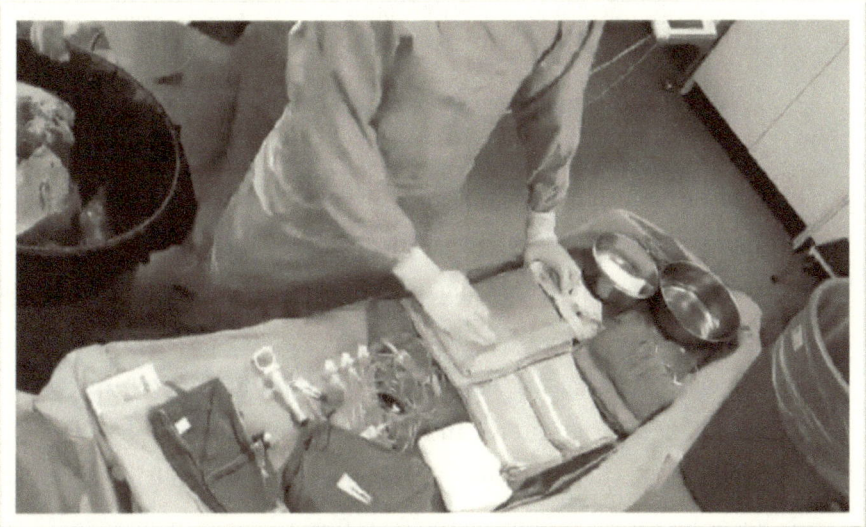

1. Solución NaCl al 45 % Heparinizada (5,000 unidades para una solución de 1,000 ml. Esto equivale a 1 cc de Heparina.
2. Lidocaína al 2 % para la anestesia local (10 cc en total).
3. Jeringas de 10 cc.
4. Gasas.
5. Bajantes o Conectores Desechables.
6. Bisturí nº 11 desechable.
7. Pinzas Kelly curva.
8. Recipientes.
9. Campos y vestimenta previamente esterilizados.
10. Extensiones largas: La primera se incluye en el sistema de Manifold y la segunda para la inyección automática en la Ventrículografía Izquierda.
11. Sistema de Manifold de 3 Vías:
    A. Primer conector: para la circulación del medio de contraste.

B. Segundo conector: para la circulación de la solución heparinizada.
   C. Extensión corta: medición de la presión invasiva del paciente.
12. Aguja de punción: Para puncionar Arterias / Venas.
13. Guía corta con rectificador: Luego de infiltrado el vaso sanguíneo, se coloca a través de la aguja de punción para luego colocar el Introductor.
14. Introductor (Camisa y Dilatador): Es un tubo de plástico a través del cual se inserta el catéter en el vaso sanguíneo para guiarlo en su recorrido hasta el corazón. De ese mismo modo se colocan, a través de él, los cables de Marcapasos Transitorio.
15. Catéteres: Son unos tubos de plástico flexibles y delgados entran y recorren el vaso sanguíneo, son utilizados para administrar el medio de contraste, pero también se pueden hacer mediciones de presiones de las distintas cavidades cardíacas. En cateterismo cardíaco de tipo diagnóstico se usan, casi siempre 3 tipos de catéteres denominados Judkins y PigTail. Cada uno cumple con funciones específicas, para su elección se toman los siguientes aspectos: longitud, que se mide en centímetros (cm) y su diámetro interno y externo que se miden en frenchs o milímetros (mms).

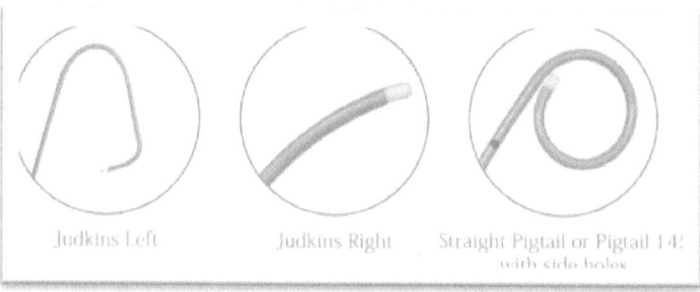

Judkins Left   Judkins Right   Straight Pigtail or Pigtail 145 with side holes

El primer catéter que se utiliza para la Coronariografía es el Judkins Izquierdo, llamado comúnmente como JL, este viene diferentes formas de asa, de acuerdo al tipo de Aorta del paciente y es mediante el mismo, que se observa la estructura anatómica del sistema arterial izquierdo: Tronco Coronario Izquierdo, con la bifurcación en sus dos arterias principales: Arteria Descendente Anterior, Arteria Circunfleja y las ramas secundarias provenientes de las mismas. El segundo catéter es el Judkins Derecho, llamado comúnmente como JR, presenta una curva secundaria más recta y a través del mismo se observa la Arteria Coronaria Derecha, con sus respectivas ramas secundarias. Ambos catéteres tienen en común que presentan un solo orifico distal.

El Tercer catéter es el PigTail. Su característica principal es que tiene orificios laterales y uno distal. Se utiliza para la Ventriculografía, Aortograma y Arteriografía de Miembros Inferiores.

Existen otros Catéteres que son utilizados, entre ellos:

- ❖ Catéter Multipropósito: Presenta un orifico distal y orificios laterales.

- ❖ Catéter NIH: Presenta orificios laterales, pero No orificio distal.

- ❖ Catéter Cournand.

❖ Catéter Berman.

16. Guías: La más utilizada es la guía 0.35 mms. de ancho y diferentes longitudes. Desde largo de 110 cms. a 260 cms. (intercambio) existen diferentes anchos 0.38, 0.35, 0.22 mm. etc.
17. Aparato de Fluoroscopía y pantallas de video. Inyector automático.
18. Material para acceso y mantenimiento de vías endovenosas.
19. Monitorización electrocardiográfica continua.
20. Carro con desfibrilador-cardioversor.
21. Cable y Fuente de marcapasos.
22. Material de emergencia: todo lo necesario para una resucitación cardiopulmonar.

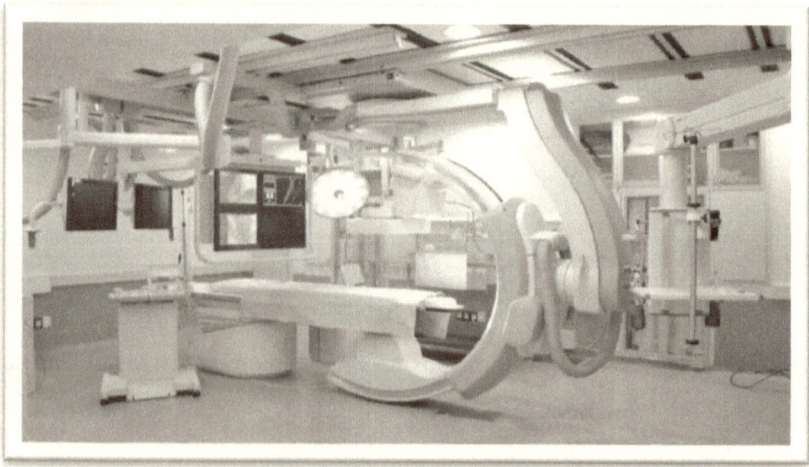

Procedimiento

El tiempo real del procedimiento se estima entre 40 minutos y una hora, generalmente no es doloroso, pero por cualquier inconveniente se le debe informar al paciente que podría sentir los siguientes malestares:

- ❖ Sensación de ardor (cuando la piel en el sitio de la inserción del catéter está anestesiada).

- ❖ Presión cuando el catéter es insertado o reemplazado con otros catéteres.

- ❖ Una sensación de sofocación o náuseas cuando se inyecta el medio de contraste.
- ❖ Dolor de cabeza.

- ❖ Palpitaciones del corazón.

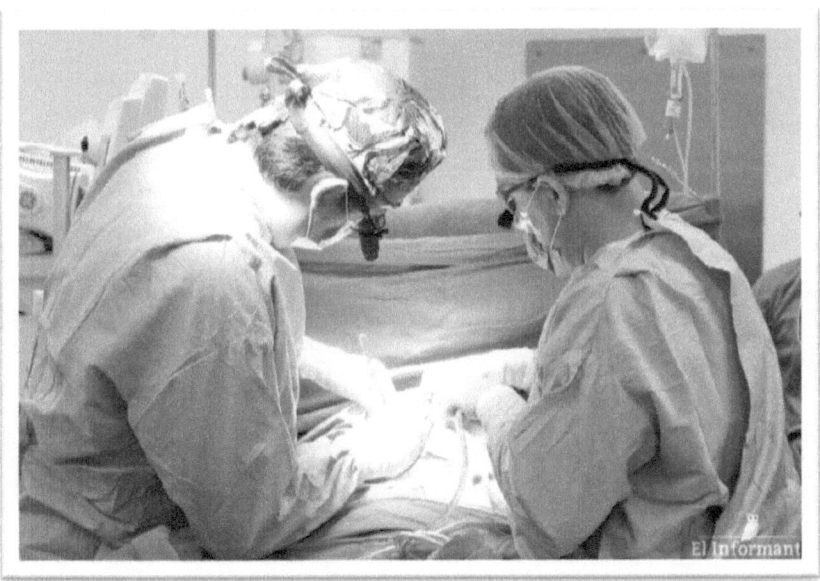

El paciente puede estar despierto, solamente de ser necesario se le administrará un sedante, en algunos casos y sólo cuando sea necesario el operador le solicitará que realice funciones básicas como sostener la respiración, exhalar o toser. Es importante vigilar al paciente en todo momento, especialmente si éste muestra dolor en el pecho, hormigueo, nauseas o algún otro malestar. Es necesario escoger alguna de las técnicas conocidas para realizar el cateterismo y seleccionar el vaso indicado para ello, realizar la punción e introducir los catéteres.

El vaso más utilizado para este procedimiento es la arteria femoral derecha, por lo que la punción se realiza en la ingle derecha, aunque otros de los vasos utilizados son: arteria femoral izquierda, arterias braquiales, radiales u otras. Una vez se selecciona el vaso y se realiza la punción, el catéter es colocado sobre un cable guía y llevado hasta el corazón, se verifica mediante Fluoroscopía la ubicación y colocación del catéter.

Técnica de Punción

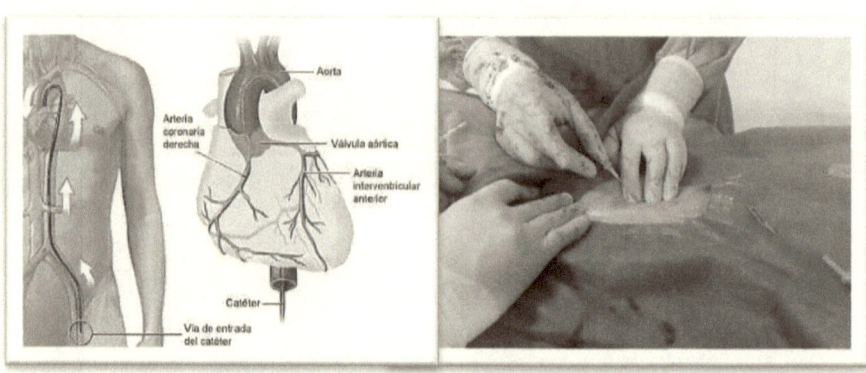

Dependiendo del lugar escogido para el acceso, debido a que el mismo puede ser por vía braquial o femoral, existen estructuras anatómicas que permiten que el catéter sea colocado en el sitio ideal; por ejemplo en el acceso femoral es la cabeza del fémur quien desarrolla este papel, ya que el acceso arterial en este área se encuentra por encima de la bifurcación de arteria femoral superficial y la profunda, lo que permite la hemostasis, aunque también se recomienda que antes de realizar la punción, el sitio de inserción sea observado mediante Fluoroscopía para verificar que es correcto, ya que dependiendo de la contextura anatómica del paciente, el pliegue inguinal puede encontrarse más bajo (pacientes obesos).

Primero se administra anestesia subcutánea con una aguja 18G, luego se procede a puncionar la pared anterior de la arteria, lo que previene un sangrado en la pared posterior de la arteria o una comunicación venosa desde el sitio de punción. Esta técnica llamada Seldinger Modificada, facilita el acceso al vaso y permite el intercambio de catéteres utilizando ésta misma punción, por ello se ha convertido en la técnica de punción estándar para la mayoría de estudios de angiografía (aguja-catéter-guía).

Aunque como en todo existe la posibilidad de algunas complicaciones, entre ellas: disección arterial, formación de una fístula arteriovenosa, hemorragia retroperitoneal y formación de un pseudoaneurisma.

Proyecciones Angiográficas

Al igual que cada estudio en la que se usa radiación, los estudios angiográficos cuentan también con posiciones propias para una mejor visualización de la estructura anatómica que está siendo explorada, entre ellas podemos mencionar: anteroposterior, oblicuas: derecha e izquierda; y laterales. Y a cada una de ellas se les puede dar angulación craneal, caudal, clavicular o hepática. Los grados específicos para cada angulación vienen calibrados en cada equipo de hemodinámica.

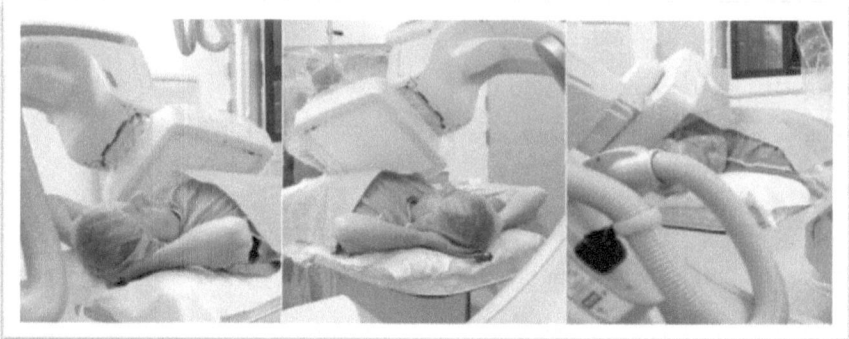

Sin embargo, lo que las hace diferentes es: que el nombre o nomenclatura de cada una se toma dependiendo de la localización del intensificador de imagen. Es por ello que en la oblicua anterior izquierda (OAI) el intensificador de imágenes tendrá que ubicarse a la izquierda, oblicuo y anterior, y si por necesidad del estudio se debe angular significa hacia donde debe dirigirse el intensificador de imágenes, entonces si la angulación es caudo-craneal el intensificador está debajo y se dirige de pies hacia a la cabeza y si es al revés, es decir, cráneo-caudal que debe angular de desde la cabeza hacia los pies. En ambos ejemplos se explica en una posición anterior del intensificador, pero cuando este tiene una posición posterior, se toma la referencia del anterior y se sitúa posterior.

Posiciones Angiográficas

En cada posición se utiliza en diferentes estudios, ya que es posible visualizar diferentes estructuras.

1. Anteroposterior (o Posteroanterior): se utiliza en el Cateterismo derecho y en la Colocación de marcapasos, ya que es posible visualizar aurícula derecha, ventrículo derecho, tracto salida del ventrículo derecho, tronco pulmonar y ramas, parte del Ventrículo izquierdo y aurícula izquierda.

    a. Anteroposterior con angulación craneal: es en posición A-P con 30° angulación craneal y se puede visualizar el tronco pulmonar y su bifurcación, además sirve para observar arteria descendente anterior completa y los vasos diagonales y arteria circunfleja.

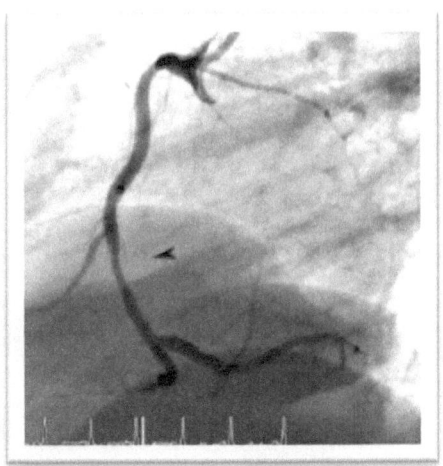

2. Oblicua Anterior Derecha (OAD): lleva 30° de oblicuidad derecha y se realiza en cine ventrículografía izquierda para visualizar la función ventricular (contractilidad), la regurgitación mitral, la regurgitación aórtica (ocasionalmente). Además, es realizada en la coronariografía izquierda, ya que se observa la descendente anterior y sus ramas y circunfleja. También, en la coronariografía derecha: es

buena para visualizar la descendente posterior cuando es rama de la derecha; aunque mediante su utilización no es posible visualizar definidamente la primera ni segunda porción de la coronaria derecha.

   a. Oblicua anterior derecha angulación caudo-craneal 30° de oblicuidad y con 20° angulación caudo-craneal. Es utilizada para separar vasos diagonales de la descendente anterior y para ver la arteria circunfleja y sus ramas obtusomarginales.

3. Oblicua Anterior Izquierda (OAI) con 45° oblicuidad izquierda; esta posición es utilizada para delinear el septum interventricular y el tracto salida del ventrículo izquierdo y válvula aórtica.

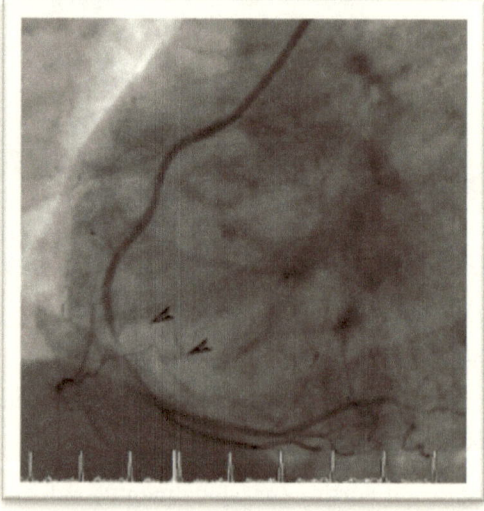

❖ En la aortografía (regurgitación aórtica, y estenosis aórtica)

- En la localización de orificios de las coronarias: localización de orificios coronaria izquierda a las 2-3 del reloj y la derecha a las 9 del reloj.
- En la Coronariografía izquierda: sirve para ver descendente anterior y ramas diagonales; circunfleja y ramas.
- Sin embargo, no es posible obtener una buena visualización del tronco de la izquierda coronariografía derecha.
- Es útil en la visualización de las primeras porciones de la coronaria derecha.
- Y tampoco es buena la visualización de las últimas porciones de la coronaria derecha (descendentes posterior).
- Se observa en ella también la aurícula izquierda y la existencia de trombo o mixoma.

a. Oblicua anterior izquierda (angulación craneal) al igual que en la anterior, también lleva 20° grados de angulación craneal y en ella se puede observar el tronco coronario izquierdo y separar primeros los vasos diagonales de la descendente anterior de la circunfleja. Sirve para ver septum interauricular.

b. Con angulación de 45°: (4 cámaras) (hepatoclavicular): en esta posición es posible visualizar: las 4 cámaras del corazón sin que haya superposición, el septum interatrial e interventricular; es de gran importancia para ver defecto de canal atrioventricular.

4. Lateral (Derecha o Izquierda) con rayos en dirección perpendicular del eje del cuerpo (90°): se usa para visualizar el ventrículo derecho, tracto salida de ventrículo derecho, válvula pulmonar, arteria pulmonar principal y sus ramas.

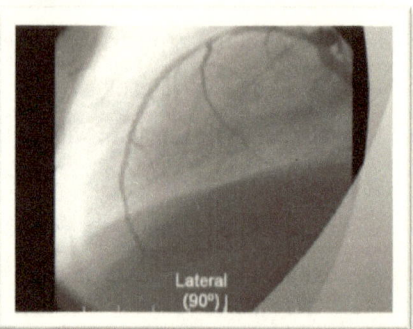

En la aortografía de aorta ascendente: se puede visualizar el cayado y sus ramas y la aorta descendente. En la coronariografía izquierda: no es muy usada, pero se puede ver la parte proximal y parte medía, para separarla de las ramas diagonales.

Cateterismo Diagnóstico

- Ventriculografía

La ventriculografía está identificada en la función ventricular izquierda, también para determinar la existencia de anormalidades de motilidad de la pared, tamaño y masas, así como en la identificación de regurgitación mitral y en la identificación de defectos septales ventriculares.

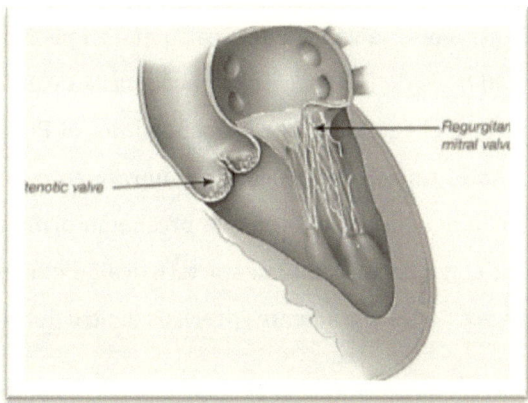

Este procedimiento está contraindicado en el fallo cardíaco descompensado, en la elevación extrema de la presión final diastólica ventricular izquierda (PFDVI) y para determinar la existencia de trombos en ventrículo izquierdo y por supuesto, en pacientes que presentan alergia al medio de contraste.

Dentro de las complicaciones que se pueden enumerar en este procedimiento están: las arritmias ventriculares, la embolización de aire o trombos, las complicaciones relacionadas al medio de contraste, el fallo cardíaco descompensado, la infiltración del miocardio.

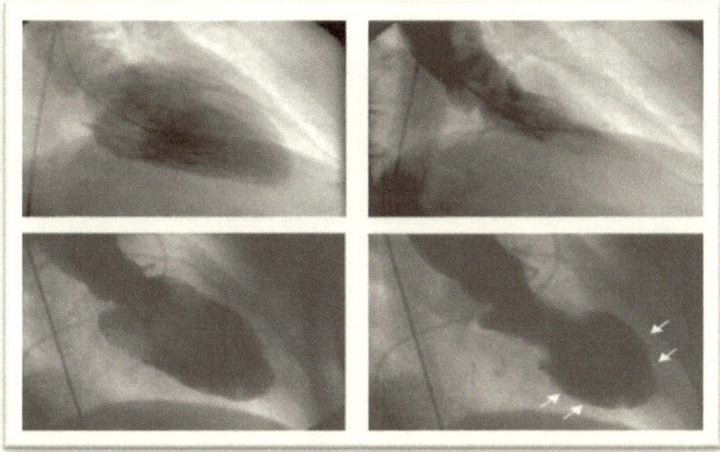

Consiste en atravesar la válvula aórtica, lo que en pacientes sin estenosis aórtica significativa es de fácil acceso, se hace hacia delante y directa. Para este procedimiento, el catéter más recomendado es el Pigtail, debido a que este catéter evita la tinción de miocardio y movimiento del catéter, lo que puede ocurrir con aquellos catéteres que presentan orificios al final de los mismos. Este catéter proporciona la característica de que, mediante su uso, se puede medir presiones y gradientes precisos dentro del ventrículo.

Cuando el paciente presenta una estenosis aortica, es difícil que el catéter Pigtail entre fácilmente, en estos casos se puede utilizar otro tipo de catéter como el Amplatz derecho o izquierdo, los cuales pueden llegar hasta el ostium. Antes tomarse imágenes de la válvula calcificada en proyecciones angiográficas OAI/OAD, en las que se puede visualizar las siguientes estructuras:

- ❖ En la OAD se muestran las paredes de la cara Anterior, Apical e Inferior.

- ❖ En la OAI hay una mejor visión de las paredes Septal y Lateral

Una vez el operador las haya visualizado puede hacer alguna sugerencia acerca de la angulación y dirección para acceder en el orificio valvular aórtico. Cuando el catéter se encuentre dentro del ventrículo izquierdo se puede proceder a hacer las mediciones hemodinámicas.

- ## La Ventriculografía Óptima

Las proyecciones estándares para esta técnica son la oblicua anterior izquierda y oblicua anterior derecha. Este procedimiento debe realizarse con un inyector automático de presión para el llenado ventricular, estos inyectores cuentan configuraciones para flujo por segundo, volumen total, presión y tiempo total, las mismas que varían dependiendo del tamaño de la cavidad ventricular, sexo, tamaño y tipo del catéter. Normalmente, de 10 a 15ml/seg y un total de 30 a 40 cc de contraste son suficientes para obtener buenas imágenes del ventrículo izquierdo.

La presión se calibra de manera estándar en 600 PSI utilizando un catéter de 6 Fr; 900 PSI si se utiliza un catéter de 5 Fr y 1200 PSI si se utiliza un catéter de 4 Fr. Es importante remover todo el aire que pueda contener el sistema inyector, porque de lo contrario se puede producir un embolismo catastrófico durante ventriculografía.

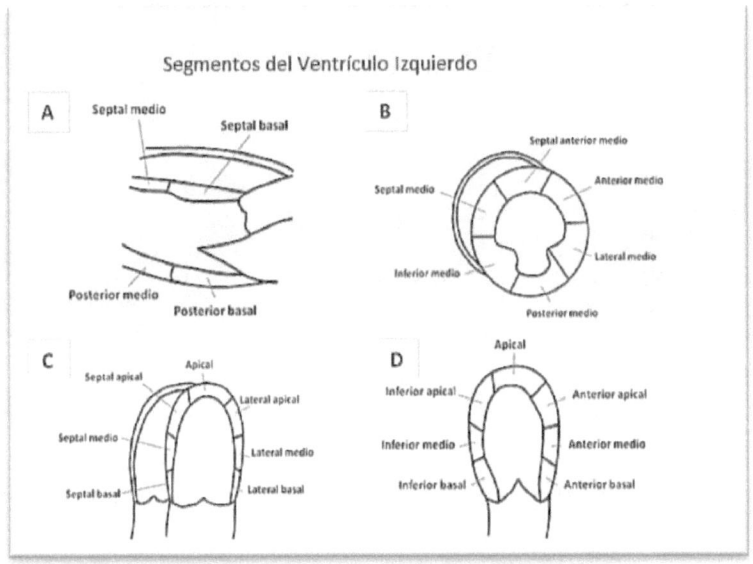

- **Contracción Ventricular**

Fracción Eyección (%): Relación porcentual entre el volumen final de la diástole menos el volumen final de la sístole.

Clasificación de la Fracción de Eyección del Ventrículo Izquierdo (FEVI):

❖ Normal: mayor de 0.50 %.

❖ Ligera: entre 0.45% y 0.50 %.

❖ Moderada: oscila entre 0.30% y 0.45 %.

❖ Severa: menor de 0.30 %.

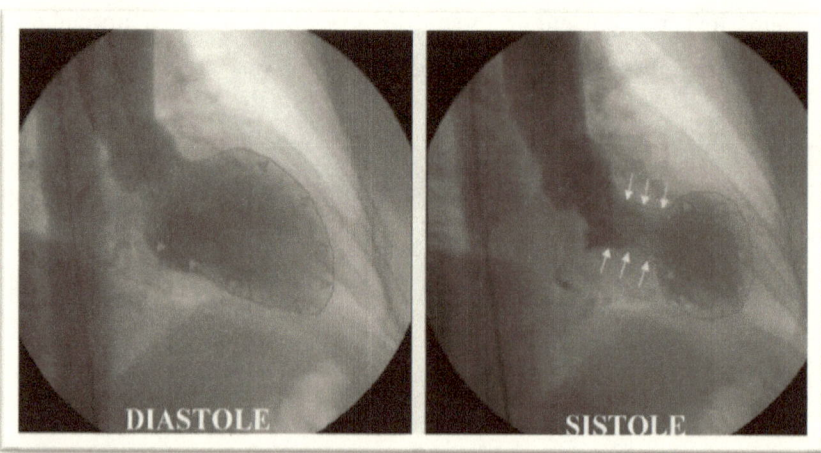

- Cuantificación de la Función Ventricular

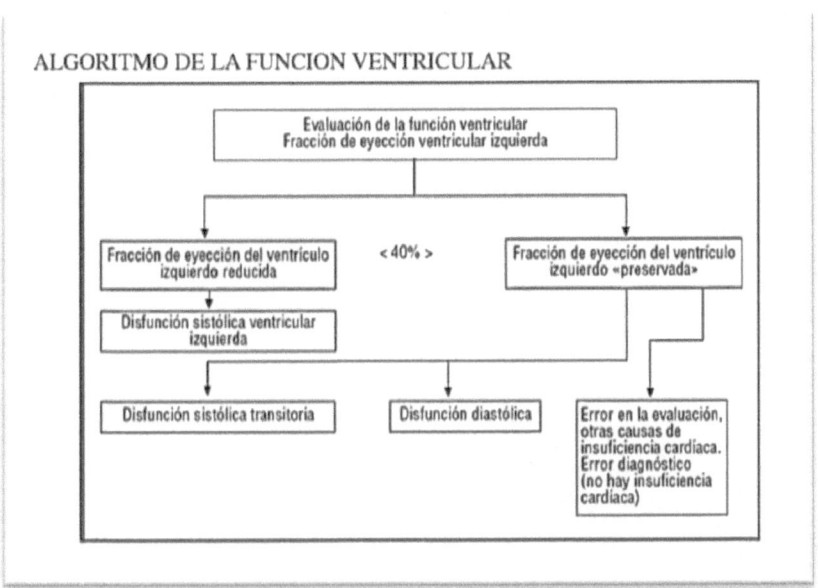

La cuantificación de la función ventricular se realiza para identificar anormalidades que son específicas de la motilidad de la pared ventricular izquierda, aunque esto dependa de la proyección topográfica, entre estas anormalidades podemos enumerar:

- ❖ Hipocinesia: existe disminución; mas no ausencia de la motilidad de un segmento ventricular.

- ❖ Acinesia: existe ausencia completa de la motilidad de la pared.

- ❖ Discinesia: existe expansión paroxística o motilidad de la pared, producida a la inmovilización de los segmentos adyacentes. (muchas veces expande un segmento de la pared en sístole.).

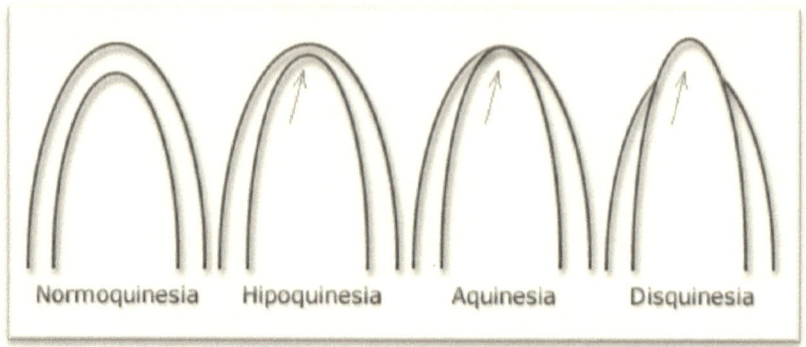

- **Aortograma**

La principal proyección para visualizar la aorta ascendente es la oblicua anterior izquierda, debido a que cuando esta es dirigida a la raíz aortica es posible demostrar la insuficiencia aortica.

Al ingresar el catéter en la aorta ascendente delante de los grandes vasos, se visualizan el arco aórtico y el origen de los vasos; esto es de gran importancia debido a que permite realizar la planeación del abordaje antes de revascularizar los vasos, la disección de la aorta ascendente y también permite la visualización de los orígenes anormales de las coronarias, es también útil para demostrar injertos de puentes safenos.

La oblicua anterior derecha es útil para demostrar insuficiencia aortica, pero es mejor para visualizar injertos safenos.

Técnica

Se puede utilizar cualquier catéter que tenga más de un orificio, debido a que su uso aumenta el riesgo de causar disección aortica o daño valvular aórtico con el inyector. Es por esto que el más utilizado es el pigtail de 4 a 6 Fr.

Cuando se realiza por insuficiencia cardiaca, orígenes de vasos anómalos y de bypass, es necesario colocar el catéter 2 cm por encima de la válvula aortica, sin embarco cuando lo que se busca es delinear los grandes vasos, el catéter se coloca cerca del origen de la arteria innominada. Es por ello que cuando se busca demostrar el origen de los vasos, es necesario ajustar el ángulo de la oblicua anterior izquierda para demostrar al máximo la elongación del arco y de los vasos.

Al igual que en la ventriculografía, en el aortograma es necesario el uso de un inyector para que la opacificación y llenado aórtico sean los adecuados. Para esto es necesario modificar la configuración del inyector para los siguientes parámetros: velocidad de presión y volumen. Todo paciente al que se le realice este procedimiento presenta variaciones, debido a que el tamaño de la raíz aortica y/o la presencia de una dilatación aneurismática o datos de insuficiencia aórtica, tamaño del catéter y del paciente. El volumen de llenado se configura en 20 a 25 ml/seg por 4 a 50 CC total, será suficiente para llenar una Aorta normal.

La presión se calibra de manera estándar en 600 PSI utilizando un catéter de 6 Fr; 900 PSI si se utiliza un catéter de 5 Fr y 1200 PSI si se utiliza un catéter de 4 Fr. Es importante remover todo el aire que pueda contener el sistema inyector, porque de lo contrario se puede producir un embolismo durante el desarrollo de este procedimiento.

- Cateterismo de Cavidades Derechas Cardíacas

Este procedimiento está indicado en pacientes con valvulopatía congénita o adquirida, para el registro de presiones basales: AD=Aurícula derecha, VD=Ventrículo derecho, AP=Artería pulmonar y PCP=Presión en cuña. Para determinar las saturaciones de oxígeno, la determinación de gasto cardíaco, para el cálculo de resistencias vasculares y en Angiografías si así se requiere.

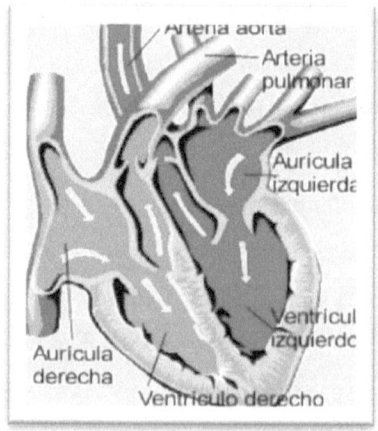

Cateterismo Terapéutico

A este tipo de procedimiento se le conoce también como: intervencionismo coronario percutáneo (ICP). Ha sido en el trascurso de los últimos 10 años, aproximadamente, que esta técnica ha encontrado su mayor desarrollo, y ha sido dirigido a tratar patologías que sólo podían ser resueltas mediante cirugía, y su enfoque es como complemento de la cirugía.

Permite la realización de tratamientos de diversas patologías cardiacas, entre ellas: angioplastias con balón e implantes de stents para las obstrucciones de arterias coronarias, que causan angina e infarto. Es mediante el cateterismo que se pueden implantar dispositivos con funciones variadas, por ejemplo:

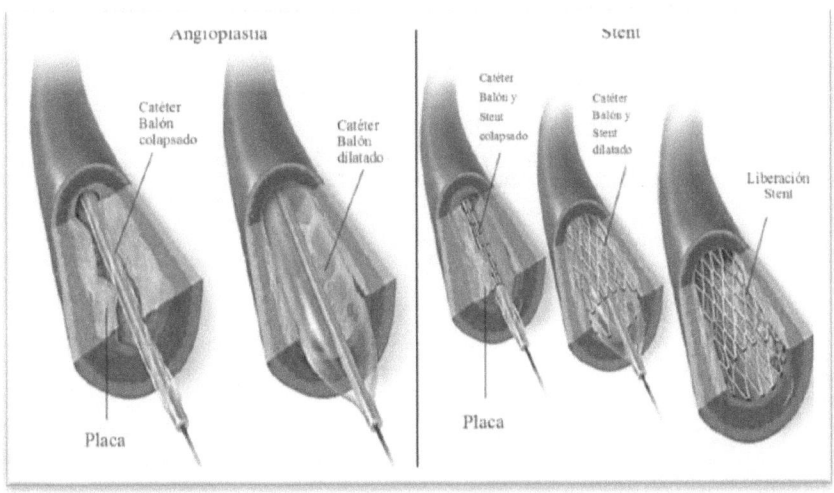

- ❖ Dilatación de una estenosis valvular, con un globo inflable (valvuloplastia).

- ❖ Dilatación de una arteria coronaria parcialmente obstruida, con un catéter con balón inflable, mediante una angioplastía transluminal coronaria, con o sin colocación de stents.

❖ introducir en el corazón electrodos que permiten el registro de la actividad eléctrica del corazón de una forma más precisa y detallada. Asimismo, se pueden fulgurar con electricidad, diferentes focos productores de arritmias severas, a efectos de lograr la curación de las mismas (Ablación Transcatéter de un foco de Arritmia).

Una de las principales ventajas que ofrece este procedimiento es que en muchas ocasiones se puede realizar de forma ambulatoria, mediante anestesia local y con riesgos y complicaciones mínimas en comparación con los de un procedimiento quirúrgico.

ARTERIOGRAFÍA PÉLVICA

Hemodinamia

"En el fantástico mundo de la medicina, aquellos a quienes han señalado como locos, han sido los que han aportado grandes logros."

—*Jasmina Alexander*

En febrero de 1896, Haschek mostró por primera vez los vasos sanguíneos de una mano amputada, desde entonces iniciaron las publicaciones de muchos atlas de anatomía vascular humana.

En 1928 Antonio Caetano de Abreu Freire, Egas Moniz, describió su técnica de la arteriografía carotidea, y Forman, en el mismo año, introdujo un catéter por una vena cubital hasta la aurícula, a partir de 1928 se realizaron múltiples avances en el estudio angiográfico, a Egas Moniz se le acredita la invención de la angiografía. Por mucho tiempo fue olvidada por parecer una técnica misteriosa, hoy en día cumple un rol importante en el campo de la medicina vascular.

Las angiografías son estudios del interior de los vasos sanguíneos, por medio de un catéter (tubo flexible largo y de un calibre delgado) a través del cual se inyecta una sustancia radiopaca (contraste) para hacerlos visibles con los rayos x, visualizando estas imágenes en un monitor. La angiografía permite al médico estudiar la parte interna de los vasos sanguíneos, para ver si hay estrechez, sangrado, estenosis, forma irregular etc. Es un procedimiento diagnóstico invasivo, el cual se realiza en una sala de hemodinamia empleando un equipo de angiografía (rayos X) el cual produce imágenes dinámicas en cuadros o frames por segundo de los vasos sanguíneos.

En ella, participa personal idóneo tales como: anestesiólogo, instrumentista, asistente de anestesia, técnico de radiología, personal médico intervencionista, enfermero hemodinamista, llevando a cabo estudios diagnósticos y terapéuticos de máxima calidad y profesionalismo.

ANATOMÍA PÉLVICA

La pelvis es la región anatómica inferior del tronco siendo una cavidad, la pelvis es un embudo osteomuscular que se estrecha hacia abajo, limitado por el hueso sacro, el coxis y los coxales, que forman la cintura pélvica y los músculos de la pared abdominal inferior y del perineo. Limita un espacio llamado cavidad pélvica, en donde se encuentran órganos importantes, entre ellos, los del aparato reproductor femenino.

Topográficamente, la pelvis se divide en dos regiones: La pelvis menor, la parte más estrecha del embudo, contiene:

- Pelvis mayor o parte superior: compuesta por la parte superior del hueso sacro, parte superior de la rama pubiana, fosas ilíacas y contiene parte de las vísceras abdominales, vejiga urinaria, los órganos genitales y parte terminal del tubo digestivo.

- Pelvis menor o parte inferior: formada por el resto del hueso sacro y cóccix, cuerpo del pubis y ramas isquiopubianas. El plano inferior que delimita la pelvis menor caudalmente (por debajo) se denomina estrecho inferior de la pelvis.

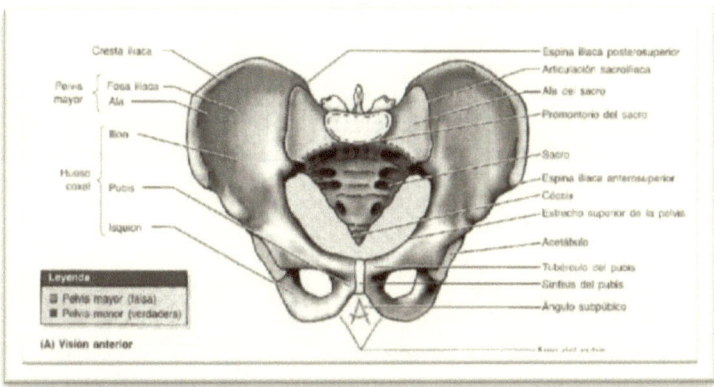

Función

- Proporciona sostén y estabilidad a la columna vertebral y a las vísceras pélvicas.
- Transmitir el peso del esqueleto axial al apendicular inferior.
- Protección de los órganos pélvicos.
- Inserción a músculos involucrados en el mantenimiento de la postura.
- Parto: sostén al útero grávido.
- Contener y sostener la vejiga, recto y aparato reproductor.

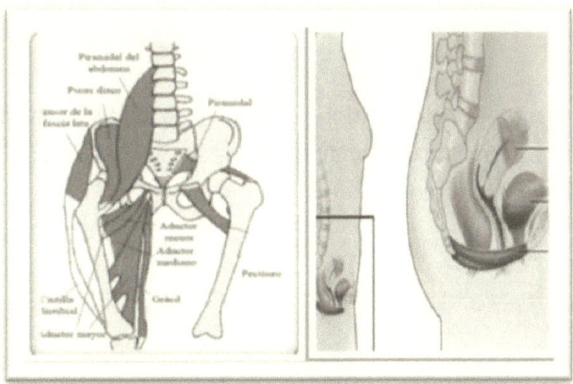

Irrigación Arterial

A nivel de la 4ta vértebra lumbar, la arteria aorta se divide en tres ramas, la arteria sacra media y las dos arterias ilíacas primitivas, todas sus ramas existen como estructuras pares, irrigan la mayoría de las viceras, suelo pélvico y periné.

Son dos grandes arterias de aproximadamente 4 cm de largo en los adultos y más de un centímetro de diámetro, estas ramas terminales son las que irrigan la pelvis.

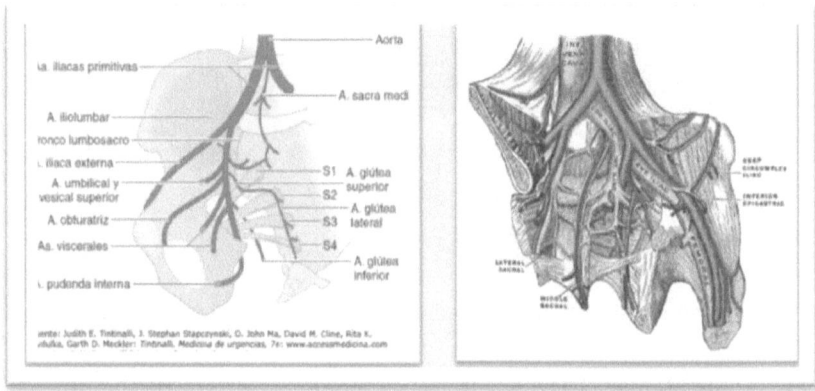

Arteria sacra media: se ubica por delante de la quinta vértebra lumbar, pasando por delante del sacro y coxis.

Arteria ilíaca común o primitivas: Son dos que se extienden desde L4 hasta la sínfisis sacro-ilíaca, dividiéndose en dos, arteria iliaca interna y externa.

Arteria ilíaca interna o hipogástrica: Desciende a la pelvis menor dividiéndose en 11 ramas, dividiéndose a su vez en ramas intrapélvicas parietales, viscerales y extrapelvicas.

Arteria ilíaca externa: Pasa por detrás del peritoneo, sobre la parte interna del psoas, dividiéndose en arteria epigástrica y arteria circunfleja iliaca.

Irrigación Venosa

Forman plexos que dan el origen a las venas del mismo nombre que las arterias.

La vena ilíaca interna o hipogástrica: es paralela al tronco arterial, al que acompaña, es corta y de gran calibre, recoge la sangre de todas las venas satélites de las ramas de la arteria hipogástrica.

Las venas ilíacas primitivas o comunes: Están formadas por la unión de las dos venas ilíacas, externa e hipogástrica.

La vena Sacra: Es paralela a la arteria del mismo nombre, se extiende desde la cara superior del coxis hasta la pared anterior del sacro.

ARTERIOGRAFÍA PÉLVICA

Indicaciones

Con fines diagnóstico:

- Patología vascular (estenosis, trombo, aneurismas).
- Hemorragia.
- Neoplasias.
- Disecciones.
- Traumatismo.

Con fines terapéuticos:

- Aneurismas.
- Revascularización (colocación de stent).
- Embolización (miomas, varicoceles, quistes, aneurismas.)
- Malformaciones arteriovenosas.

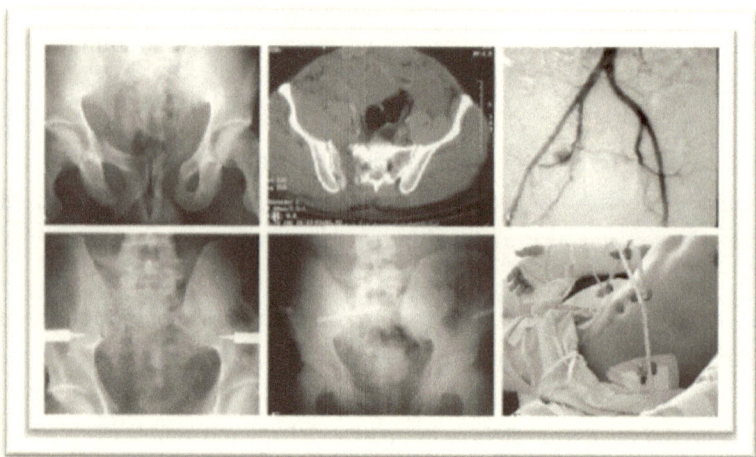

Contraindicaciones

- Coagulopatías.
- Alergia medios de contraste.
- Insuficiencia renal.
- Embarazo.

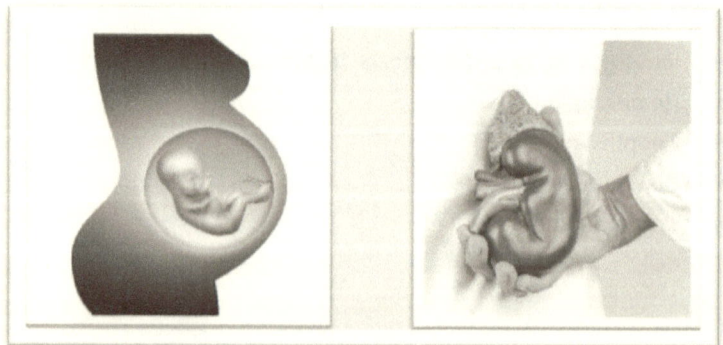

Preparación del paciente

- Verificar los datos del paciente.
- Se le pide que se cambie de ropa y se ponga una bata, debe retirar todos los objetos metálicos (joyas, dentadura postiza) etc.
- Cumplir órdenes médicas.
- Paciente en ayunas de 4 a 6 horas.
- Mujeres con sospecha de embarazo, deberá realizarse prueba de embarazo.
- Se realiza rasurado del área inguinal.
- Verificar que el médico le haya explicado sobre el procedimiento.
- Consentimiento informado.
- Vía periférica permeable.
- Verificar los tiempos de coagulación, plaquetas, alergias.
- El paciente debe indicar si toma algún medicamento (anticoagulantes) y si es alérgico a medios de contraste.
- Si sufre de alguna enfermedad.
- Resultados de creatinina, BUN, PTT, PT.
- Monitorizar con pulsioxímetro, presión arterial no invasiva y ECG.

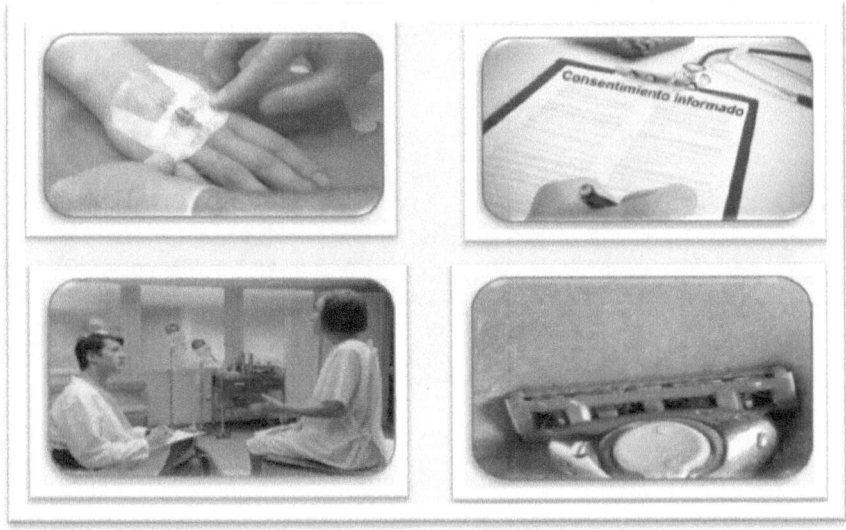

Materiales

- Sábanas y cobertores estériles, lap quirúrgico.
- Contraste yodado no iónico.
- Agujas #25, jeringuillas 10/20 cc, gasas 4x4.
- Introductor hemostático, guía Hidrofílica 0.035 de 150 cm. Bandeja quirúrgica (Pocillos, riñoneras estériles).
- Bisturí # 11.
- Mesa para la preparación del material.
- Batas estériles.
- Guantes estériles.
- Extensión para el medio de contraste (inyector).
- Cobertores estériles para el tubo de Rx y la mampara de radioprotección.
- Anestesia local, xilocaina.
- Catéter angiográfico con agujeros laterales para realizar el Aortograma y arteriografía Pélvica (Catéter Pigtail).
- Heparina sódica al 2%.
- Solución salina.
- Solución de yodo o Chloraprep.
- Electrodos de monitorización.
- Extensión de venoclisis.
- Llave de 3 vías.

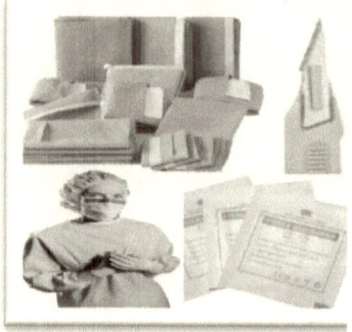
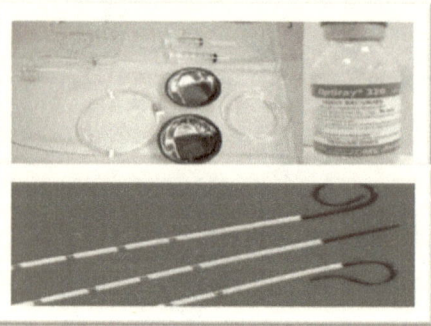

Procedimiento y Proyecciones para Angiografía Pélvica

- Paciente acostado en posición supina.

- Se realiza limpieza de la región inguinal con solución de yodo o chloraprep.

- Se cubre al paciente con las sábanas y campos estériles.

- Mediante el método de Seldinger, se realiza una pequeña incisión para pasar la guía de teflón a través de la aguja de venopunción.

- Se coloca introductor hemostático (acceso arterial o venoso).

- Se introduce catéter pigtail de 5 Fr o 6 Fr para la adquisición de un aortograma (arterial) que consiste en observar la parte distal de la aorta donde se bifurcan y nacen las arterias iliacas en proyección neutra 0° de angulación y técnica de sustracción digital, con 7.5 cuadros por segundo y duración de la adquisición de 15 segundos.

- Inyección automática de 20 a 30 cc de medio de contraste iodado con caudal de 10 a 15 cc/seg y PSI de 600 a 800.

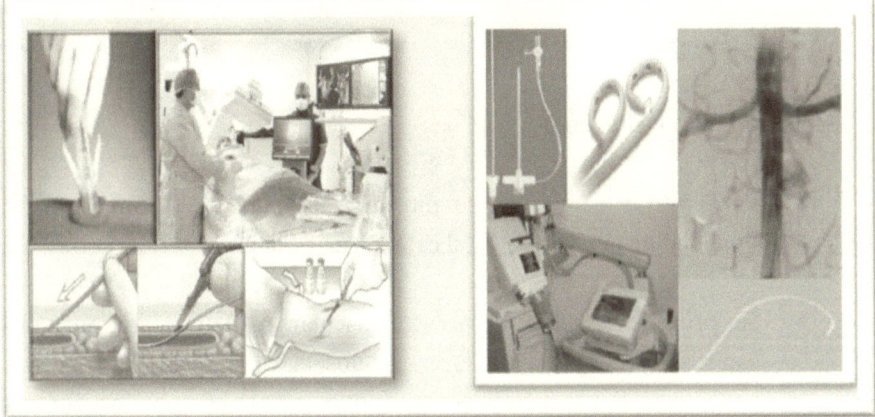

- Ubicamos la imagen a nivel de hueco pélvico y se realiza una segunda inyección con la finalidad de observar los vasos que en la primera inyección no se observan, empleando los mismos valores de inyección.

- Si se decide realizar selectivamente algún vaso, se procede a utilizar un catéter cobra tomando el vaso de interés y cateterizándolo directamente, con técnica de sustracción digital y proyecciones neutras y oblicuas derecha e izquierda a 30°.

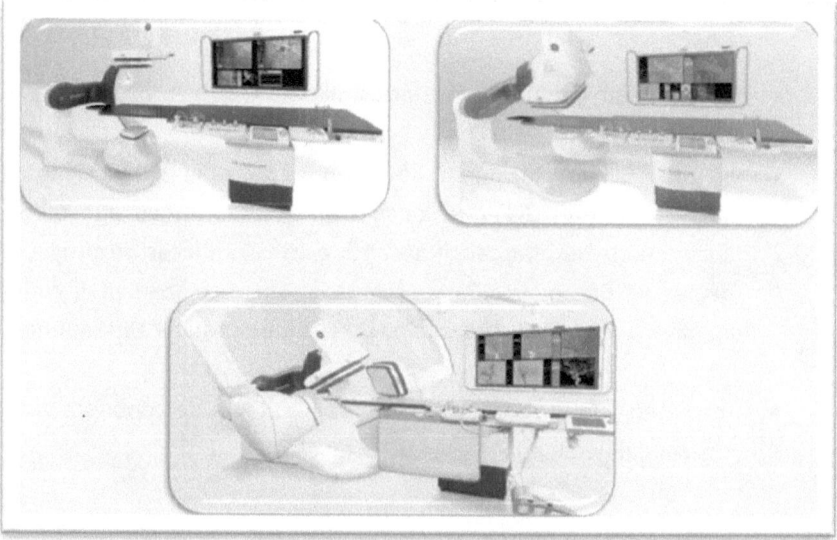

Al finalizar el Procedimiento

- Para retirar el catéter se introduce la guía de 0.35mm con la finalidad de que la punta del catéter no lesione la arteria o vena.

- Se procede a sellar el acceso vascular o venoso con insumos especiales (cierres vasculares, Angioseal, Starclouse) los que nos permiten sellar la arteria sin tener que realizar compresión durante largo tiempo.

- Con estos dispositivos el paciente no debe levantarse ni mover la pierna durante un periodo de 4 a 6 horas.

- En los casos que no se cuente con insumos especiales se de sellado se realizara presión continua en la zona de punción hasta que la arteria deje de sangrar y colocar un vendaje compresivo; reposo absoluto durante 24 horas.

- Importante durante la compresión manual valorar pulsos distales.

- En ambas punciones vigilar periódicamente en la sala de hospitalización.

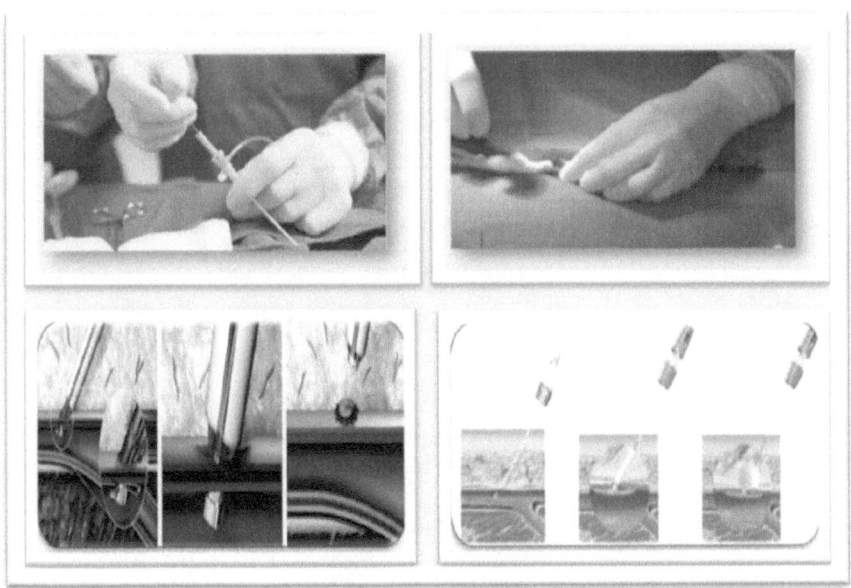

DIAGNÓSTICOS Y TERAPÉUTICOS EN ANGIOGRAFÍA PÉLVICA.

Arteriografía pélvica por:

- Traumas

Es la mejor técnica para el estudio de los pacientes con sospecha de hematoma retroperitoneal e inestabilidad hemodinámica, al localizar el vaso sangrante, permite el tratamiento mediante embolización selectiva del mismo. Se aborda por la arteria femoral y se prosigue hasta llegar a la bifurcación de la aorta y mediante la inyección de contraste se estudia la red vascular buscando los puntos de hemorragia. Las sustancias utilizadas en la embolización selectiva de los vasos sangrantes son esferas de polietileno, hilos de metal o esponjas de gelatina hemostática.

En este tipo de lesiones podemos encontrarnos desde pacientes con fracturas por traumatismos aparentemente leves, hasta politraumatizados con graves fracturas pélvicas. Importantes ramas y plexos arterio-venosos y vísceras (uretra, vejiga, órganos genitales y recto) pueden resultar dañadas por el propio traumatismo o por fragmentos óseos de la fractura. La inspección cuidadosa del periné, meato urinario, tacto rectal y exploración vaginal en la mujer, nos aportarán datos para sospechar la presencia de estas lesiones.

Aproximadamente la mitad de los pacientes que presentan fracturas estables evolucionan favorablemente con inmovilización y analgesia. En el resto de los casos, van a presentarse complicaciones por lesiones pélvicas asociadas, de las cuales, la más grave y potencialmente mortal es la hemorragia retroperitoneal. Además, las situaciones de shock hipovolémico pueden verse agravadas por posibles lesiones sangrantes extrapélvicas coexistentes.

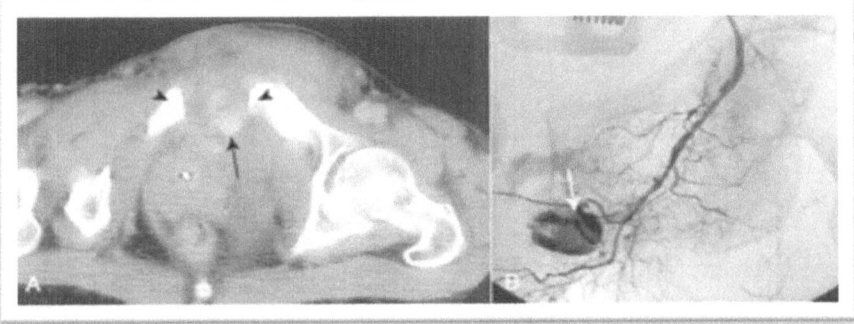

Fractura pélvica. Angiografía de sustracción digital que muestra extravasación

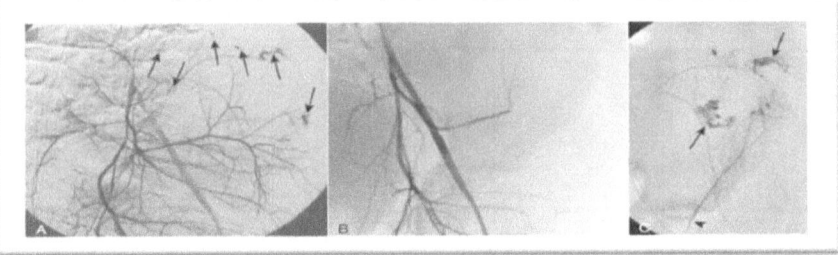

Fractura del ala ilíaca izquierda. Angiograma de la arteria ilíaca interna izquierda mostrando extravasación

- **Embolización de Miomas Uterinos**

La embolización de los miomas uterinos es una nueva forma de tratamiento de estos tumores que evita la cirugía. Consiste en colocar un catéter por vía intrarterial puncionando la arteria femoral a través de la piel. Con control radiográfico, este catéter se dirige a las arterias uterinas y, una vez en el sitio adecuado, se inyectan pequeñas partículas que cierran las pequeñas ramas arteriales que nutren al mioma. El tejido del tumor muere y el mioma disminuye de tamaño y, en la mayoría de los casos, los síntomas desaparecen.

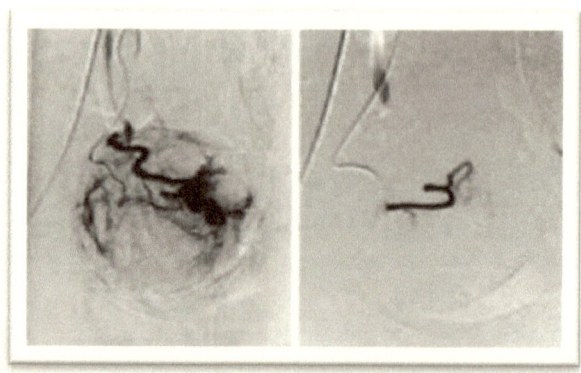

Embolización miomas uterinos, abordaje femoral.

- **Embolización de la Arteria Uterina**

Un angiograma pélvico inicial se hace con un catéter pigtail posicionado en el nivel de las arterias renales que muestra la circulación pélvica y la presencia de arterias gonadales agrandadas. La Angiografía hipogástrica ipsilateral en la proyección oblicua anterior a menudo permite la identificación del origen de la arteria uterina de la rama de división anterior. Las arterias uterinas suelen estar hipertrofiadas, tortuosas y pueden remontar a las masas hipervasculares en el útero. La tinción del fibroma es común, pero la derivación arteriovenosa no lo es y sugiere una patología diferente (por ejemplo, malformación arteriovenosa o tumor).

Las arterias uterinas se pueden seleccionar con un catéter Cobra de 4 a 5 french. Oclusión de la arteria del útero no es necesaria.

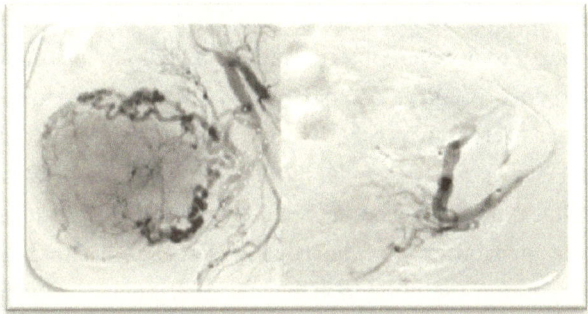

Embolización de fibroma. El angiograma de sustracción digital de la arteria ilíaca interna izquierda en la proyección oblicua anterior izquierda muestra la arteria uterina.

- Embolización de la Vejiga

Los tumores de vejiga irresecables o la cistitis grave refractaria pueden dar como resultado una hemorragia sustancial e implacable. La embolización de la arteria vesical ocasionalmente se indica en estos pacientes cuando todas las demás medidas han fallado. Este procedimiento tiene un éxito de 90% en los pacientes cuando las arterias vesicales pueden ser identificadas. Las arterias vesicales pueden surgir como ramas discretas de la división de la arteria hipogástrica anterior, así como ramas de las arterias pudendas y uterinas.

Hipervascularidad anormal o incluso una masa se puede ver en la angiografía, pero la visualización de la extravasación es inusual. La embolización con partículas tienen un pequeño riesgo de infarto de vejiga debido a los ricos suministros de sangre del órgano.

- Embolización Prostática para Hiperplasia Benigna

Embolización arterial selectiva de la próstata para pacientes con prostática benigna sintomática (HPB) es un procedimiento nuevo.

Los pacientes se someten a una evaluación urológica para asegurarse de que sus síntomas se deben a obstrucción de la vejiga relacionado con BPE, la contractilidad de la vejiga es normal, no hay evidencia de cáncer de próstata o infección, y las terapias alternativas no están indicadas. Las herramientas angiográficas son similares a las utilizadas para la arteria uterina. La angiografía ilíaca interna selectiva con catéteres de 5 French es seguido por la angiografía prostática con microcatéteres. La próstata agrandada es hipervascular, aunque se pueden visualizar porciones de la vejiga, el recto y el pene. Cuando se realiza la embolización selectiva de la próstata se utilizan partículas de 100-300 μ hasta que haya disminución de la vascularización.

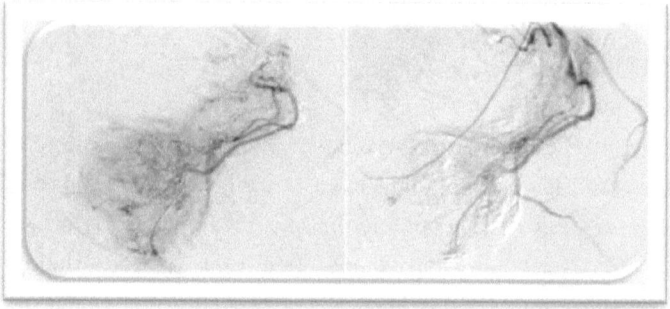

Embolización de la próstata para la hiperplasia prostática benigna sintomática. Se ve reflujo en las ramas de la arteria pélvica circundantes porque el flujo en la arteria prostática es muy lento.

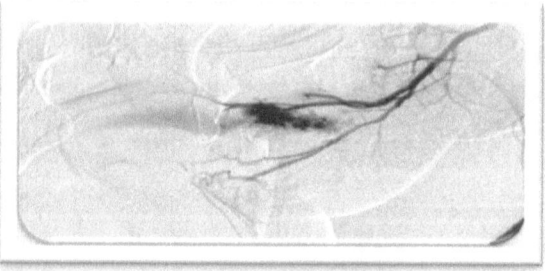

Angiograma de la pudenda interna izquierda selectiva que muestra tinción bulbar extremadamente densa con derivación en los cuerpos.

MEDIOS DE CONTRASTE UTILIZADOS EN ANGIOGRAFÍA PÉLVICA.

Historia de los Medios de Contraste

Con el descubrimiento de los rayos x. en 1895, fue posible por primera vez hacer en forma de sombras la estructura de mayor densidad del cuerpo humano, como el tejido óseo y densidades anormales como cálculos en las vías urinarias, biliares y cuerpos extraños, mientras que los tejidos blandos se apreciaban con dificultad y la imagen no diferenciaba las estructuras adyacentes. Esta dificultad fue el punto de partida para la creación de los medios contraste que comenzó poco tiempo después del descubrimiento de los rayos x.

En 1896 el italiano Dutto, realizó investigaciones de anatomía en cadáveres inyectando las arterias e identificándolas radiográficamente con una sustancia llamada yeso de París.

Medios de Contraste

Son materiales que ayudan al médico a mejorar la visibilidad de estructuras o fluidos del cuerpo, mejorando así la certeza del diagnóstico para ofrecerte tratamientos adecuados. También conocido como agente o material de contraste, esta sustancia se administra en el cuerpo internamente para obtener imágenes en conjunto con los rayos X.

La función de los materiales de contraste, es ayudar a los médicos a diagnosticar de forma certera, anomalías o enfermedades vasculares que pueda llegar a presentar el paciente.

Las tres principales formas en las que un material de contraste puede entrar al cuerpo son: vía oral, enema vía rectal, Inyectados vía intravenosa o arterial.

Los medios de contrastes más utilizados en las angiografías pélvicas son:

- **Visipaque (270 y 320)**

Mecanismo de acción - Medio de contraste, que absorbe la radiación haciendo visibles vasos sanguíneos y tejidos. Indicaciones terapéuticas: Uso diagnóstico. angiografía y arteriografía periférica, angiografía abdominal, urografía, venografía y TC de contraste, entre otros.

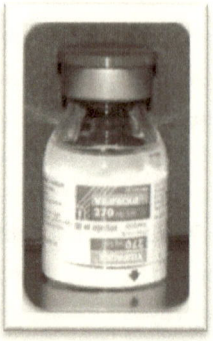

- **Iopamiron**

Indicaciones terapéuticas: Iopamiron, está indicado en melografía, cisternografía y ventriculografía, en todas las exploraciones angiográficas, incluyendo la angiografía por sustracción digital (DSA) y la angiocardiografía, en todas las exploraciones urográficas y para la intensificación del contraste en la tomografía computarizada. Sus propiedades también permiten la visualización de las cavidades corporales (p. ej., artrografía, fistulografía, vesiculografia, colangiopancreatografía retrógrada endoscópica, histerosalpingografía)

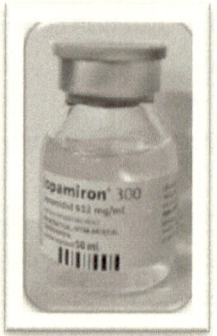

- **OPtiray 320**

El agente de contraste Optiray ® 320 es inyectable y está destinado a la administración intravascular. Es un medicamento que tiene la intención de ser terapéutica y biológicamente inerte cuando se inyecta

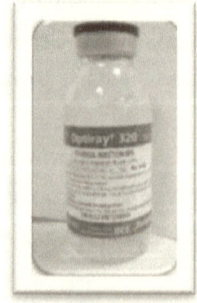

FUTURO DE LA RADIOLOGÍA EN PANAMÁ Y EL MUNDO

¿Cómo predecir el futuro?

"La mejor manera de predecir el futuro es creándolo."
—*Peter F. Drucker*

En Panamá, la Radiología es una de las ramas más avanzadas en el diagnóstico médico, somos un pequeño país de América Central con un gran contacto con el mundo entero gracias a la vía interoceánica, la cual es un paso obligado de casi todos los ámbitos de la tecnología mundial. Es por ello que nuestros centros médicos más importantes cuentan con tecnología de vanguardia, que facilita la realización de un mejor diagnóstico e incluso participa en el tratamiento y colabora en la mejora de la calidad de vida del paciente, lo que hace de la práctica de todas y cada una de las ramas de la medicina sea mucho más efectiva.

en el cuerpo para su uso en la mejora de órganos o tejidos en tomografía computarizada, rayos X y procedimientos de imágenes de fluoroscopía para los que está aprobado. Indicado en adultos para la angiografía en todo el sistema cardiovascular. Los usos incluyen arteriografía cerebral, coronaria, periférica, visceral y renal, venografía, aortografía y ventriculografía izquierda. Optiray ™ 320 también está indicado para tomografía computarizada con contraste de la cabeza y el cuerpo y urografía excretora intravenosa. Optiray ™ 320 está indicado en niños para angiocardiografía, tomografía computarizada de contraste mejorada de la cabeza y el cuerpo y urografía excretora intravenosa.

El mundo de la Radiología es ambicioso y cuenta con la participación de países que han creado nuevos dispositivos debido a la necesidad misma de sus poblaciones, como es el caso de Ruanda. Los avances que se dan en el mundo entero son extraordinarios, pero podemos decir que el futuro de la radiología en el mundo es el futuro de la radiología en Panamá, gracias, precisamente al afán de nuestros profesionales por la actualización.

La Imagenología es una de las ramas diagnósticas de la medicina de mayor auge en estos últimos años, debido a la concientización y necesidad de los especialistas médicos de cada vez más detalles anatomo-patológico. Influente también ha sido la vertiginosa tendencia ecologista que ha traído como consecuencia que las casas comerciales se orienten a la creación de equipamiento menos consumidor de energía eléctrica y con los que se puedan obtener mayor cantidad, calidad y tipos de imágenes, disminuyendo así, el tiempo de exposición del paciente y la espera de diagnóstico certero y un tratamiento adecuado.

El intentar predecir lo que ocurrirá en el futuro de la radiología como especialidad, podría resultar un tanto demandante, ya que se han dado tantos y tan rápidos cambios en los últimos cinco lustros. Sin embargo, existen algunos indicadores del camino que podrá seguir la radiología, al menos en este primer cuarto de siglo que dentro de poco estamos por culminar. Los avances que se logren en el campo de la radiología, estarán determinados por varios factores o indicadores a mencionar:

- Desarrollo tecnológico.
- Evolución de la Radiología en el ambiente digital.
- Globalización y cuestionamientos de la telerradiología.
- Del diagnóstico morfológico al funcional y al molecular.
- Factores socioeconómicos.
- El nuevo rol de la imagen en la ciencia.

Desarrollo Tecnológico

Desde el descubrimiento de Röentgen, en 1895, nunca se ha detenido el desarrollo tecnológico. Bien, al contrario, éste ha sido continuo. En este lapso surgió una industria que ha crecido inconmensuradamente. En Gastroenterología, el diagnóstico de enfermedades del hígado, las vías biliares, el páncreas, el estómago, el intestino, el colon y la cavidad peritoneal han sido los grandes beneficiarios.

En las últimas dos décadas el progreso ha sido cada día mayor. A la información anatómica de la imagen tradicional, se añadió la información funcional y la medición de fenómenos fisiológicos. La medida de los flujos con el Doppler, la perfusión de los tejidos con tomografía computada (TC) y resonancia magnética (RM) son algunos ejemplos. La medición de fenómenos biológicos a partir de los espectros de partículas subatómicas, y la incursión progresiva en las técnicas de medicina molecular a través de la RM y la tomografía por emisión de positrones (PET y PET-CT) son hoy realidades que no dejan duda sobre la trayectoria de nuestra especialidad hacia el diagnóstico genético y molecular.

Se podría predecir que las técnicas de imagen llegarán a realizar no solamente diagnósticos cada vez más tempranos, sino muy probablemente permitirán diagnosticar los cambios genéticos y moleculares aún antes de que se inicien algunas enfermedades en el ser humano.

El Ambiente Digital

La práctica de la Radiología y de los métodos de imagen se llevará a cabo en los años venideros en un ambiente digital, donde la imagen funcional y molecular ocupará el centro de la atención del radiólogo. Los primeros intentos, hace veinte años, utilizaron una tecnología compleja, costosa y poco fiable. En este lapso, el Departamento de Radiología Digital se ha perfeccionado, convirtiéndose en una herramienta eficaz, cuyo uso se ha extendido rápidamente. La implantación de modernos sistemas electrónicos de archivo y comunicación de imágenes (PACS), unidos a sistemas de información de radiología (RIS), permiten manejar electrónicamente todos los procesos para realizar los estudios, así como las imágenes, los informes y los datos de los pacientes.

Existe la posibilidad de que el hombre del futuro pueda tener su historial clínico y terapéutico, incluyendo todas a las imágenes de diagnóstico, los resultados de laboratorio y de los actos terapéuticos, en un solo expediente digital, accesible desde cualquier sitio del planeta en el que se encuentre y en el instante en que su médico lo requiera.

Telerradiología

La telerradiología es un pequeño apartado del ambiente digital que permite enviar y recibir imágenes e informes entre sitios separados físicamente. Hoy se utiliza en instituciones que cuentan con pocos radiólogos, así como en algunas que tienen múltiples sitios de atención y desean una manera simple y eficaz de centralizar digitalmente la lectura, el archivo y la distribución de los estudios realizados. También cuando el radiólogo o el clínico desean tener una segunda opinión local o incluso internacional. Otros usos son la realización de conferencias con participantes de varios sitios y la educación.

Algunos aspectos económicos motivan también su uso, por ejemplo: contratar radiólogos de otro país que leen los estudios con honorarios más módicos; o bien, crear sitios de lectura en países distantes para hacer los informes en horas diurnas, cuando en el sitio donde se generaron los estudios es de noche, de modo que se tengan listos al iniciar el nuevo día.

Del Diagnóstico Morfológico al Funcional y al Molecular

Inicialmente, la radiología permitió analizar la anatomía de los grandes órganos y sistemas. Las correlaciones anatomopatológicas y la investigación clínica radiológica la convirtieron en una ciencia médica con creciente capacidad para diagnosticar la patología de los órganos y su extensión a otros territorios. Se convirtió así en una especialidad indispensable en el ejercicio de la medicina. Al sumarse el US, la TC y la RM, fue posible detectar lesiones más pequeñas y cambios a nivel de los tejidos y de algunas de sus funciones: La detección de cambios fisiológicos y metabólicos, son capacidades que empiezan a explorarse en la clínica y que serán exigencias indispensables en el futuro próximo. Hoy contamos con las primeras investigaciones que permitirán progresivamente llevar el diagnóstico al nivel de las moléculas. La imagenología molecular es una disciplina experimental que busca la caracterización de procesos biológicos y moleculares en el ser vivo. Su objetivo fundamental es detectar cambios biológicos pre enfermedad. Para lograrlo se recurre hoy a diversas estrategias que recurren a técnicas de US, TC y RM. Entre ellas la espectroscopia para medir y diferenciar componentes bioquímicos en los núcleos celulares. Las estrategias de ampliación de la expresión de la actividad genética, la detección de fenómenos como la apoptosis y la angiogénesis etc., son motivo de investigación con resultados alentadores.

Nuevo Rol de la Imagen en la Ciencia

Los métodos de imagen se utilizaron inicialmente para el diagnóstico morfológico de la enfermedad. Progresivamente han migrado hacia la adquisición de información de procesos funcionales, metabólicos y moleculares. La investigación en estos campos tiene gran significado para la salud de hombre. Por otra parte, varios métodos de imagen tienen hoy un nuevo rol en la ciencia, convirtiéndose en tecnología básica para la investigación, por ejemplo, en el desarrollo de nuevas drogas moleculares cuyas acciones se prueban en animales de laboratorio en equipos de US o RM fabricados con microtecnología. El efecto biológico de nuevos fármacos puede así ponerse en evidencia por medio de la imagen, metodología llamada a ocupar un espacio creciente en los años por venir.

RADIOLOGÍA DIGITAL

Al igual que la fecha de incorporación de la imagen digital, hace 15 años, la aceleración tecnológica en todos los segmentos de la imagen radiológica está influenciada por la velocidad de transmisión de la información, facilitada porque los chips y procesadores electrónicos cada año y medio pueden duplicar sus capacidades. Por lo tanto, los datos que sirven para el vóxel de la imagen 3D o volumétrica, son los responsables de que la transformación de la radiología esté en el borde de una nueva era, al igual que el resto de disciplinas médicas encuadradas en la denominada Medicina Exponencial.

Video Juegos en la precisión de los Rayos X

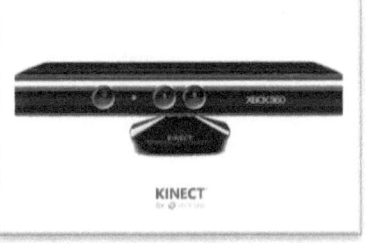

Microsoft Kinect ha sido desarrollado por Investigadores de la Facultad de Medicina de la Universidad de Washington, se compone de un sensor de movimiento y de un dispositivo de reconocimiento de voz, que en un principio fue creado para la consola de video juegos Xbox. El profesor Steven Don y sus colegas tomaron esta creación y la combinaron con un software para resolver problemas comunes que afectan la imagen radiográfica. Esta combinación permite obtener el espesor del paciente sin tener que tener contacto físico con él. De este modo, contribuye a mejorar la calidad de la imagen, ahorro de tiempo-hombre y evita la necesidad de repeticiones. Permite también, a través de alertas, evitar repeticiones innecesarias por mala posición del paciente, debido a que si el paciente está mal ubicado con respecto a los sensores automáticos de control de exposición, el receptor de la imagen o la parte del cuerpo dentro del campo de rayos X, nos informa.

Imagenología a la Práctica Diaria

Se llama Watson Health y pretende acercar el conocimiento en Radiología a la práctica diaria, mediante la integración de más de 15 sistemas de salud, proveedores de radiología ambulatoria, empresas de tecnología de imágenes y centros académicos.

IBM, desde su sede en Nueva York, EUA, manifiesta que el principal objetivo de este sistema es ayudar a los médicos a extraer ideas de los datos no estructurados en combinación de datos de otras fuentes tales como: historias clínicas, resultados de laboratorio, notas de progreso de los médicos tratantes, resultados de radiología y patología, guías de cuidados clínicos, revistas médicos y resultados de estudios realizados. Todo esto con el fin de que el médico pueda brindarle un mejor diagnóstico y tratamiento a los pacientes de enfermedades como cáncer, apoplejía, diabetes, salud ocular, cardiopatías, enfermedades cerebrales y muchas.

Watson será capacitado por los médicos asociados con los expertos en computación usando registros de enfermedades poblacionales, para que el sistema pueda luego identificar la condición del paciente de manera precoz y así no pasar por alto aquellas que comúnmente pueden pasar inadvertidas. IBM pronostica que esta herramienta podrá aprender cómo los corazones empiezan a fallar y así se podrá hacer el seguimiento de la enfermedad.

Una de las mayores preocupaciones de esta combinación son las enfermedades cerebrales y cardiovasculares que a menudo son descartadas rápidamente. Watson podrá ser de gran ayuda al manejar tanta información que estará disponible para todos los médicos asociados, disminuyendo los gastos de insumos y de gestión médica.

Sistema de Radiología y Angiografía

Es un sistema diseñado especialmente para espacios reducidos, ya que cuenta con el brazo en C más compacto fabricado hasta ahora. Es utilizable tanto para radiografía convencional como para la realización de procedimientos de angiografía.

Ultimax-i tiene capacidad para soportar pacientes de hasta 250kg, contribuye a la reducción de dosis en áreas anatómicas expuesta innecesariamente de forma repetida, pero siempre apostando por una buena calidad de imagen.

Robot con Autoposicionamiento.

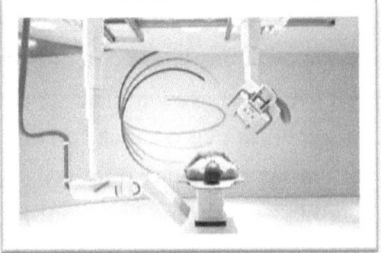

Multitom Rax es su nombre, este robot de 2 brazos cielíticos que pueden posicionarse automáticamente en cualquiera de los tres planos que se le indique, con tan solo el toque de un botón o si se prefiere manualmente con ayuda de un servomotor. En uno de los brazos ha sido colocado el tubo de rayos X con pantalla táctil y en el otro el detector de panel plano, perfecto para hospitales de grandes demandas por que tiene la capacidad de registrar secuencias estáticas, dinámicas y en 3D de todas las áreas del cuerpo, ya sea que el paciente se encuentre de pie, supino o sentado sin que sea necesario que lo cambie de posición ni de ser llevado a otra sala para la realización de otro estudio, lo que brinda mayor comodidad y seguridad tanto al personal técnico-medico, como al paciente; lo que representa, también menos tiempo invertido por paciente y menos dinero en gastos para el hospital.

Este sistema está diseñado para todo tipo de pacientes: desde los niños hasta las personas mayores que tienen dificultad de movimiento. La mesa de apoyo es ajustable para que los niños puedan subirse solos y sin tener la necesidad de quedarse en una posición anatómicamente antinatural. La imágenes en 3D son especialmente útiles para evaluar la adaptación de las prótesis articulares aunque cuenten con un amplio rango de aplicaciones en muchas ramas de la medicina de diagnóstico desde urgencias médicas a angiografía o radioscopia.

Sistemas Multipropósitos

X Sonialvision G4 de Shimadzu es un sistema de Rayos X de usos múltiples que está destinado a ortopedia, angiografía, endoscopia y radiografía de trabajo de uso general.

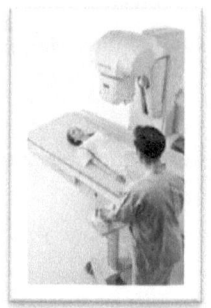

El tubo de rayos X tiene una distancia de desplazamiento lateral de más de dos metros, lo que permite casi todos los pacientes para obtener imágenes de pies a cabeza de una sola vez. La dosis de RX: al estar equipado con varias funciones para reducir efectivamente los niveles de exposición, como la rejilla removible, Fluroscopía pulsada controlada por rejilla, nuevo colimador con filtros (MBH), filtros que eliminan los Rayos X de baja intensidad que no contribuyen en la formación de la imagen clínica, colimación virtual, etc.

Cuando se realizan procedimientos mínimamente invasivos del corazón, los médicos suelen utilizar la ecocardiografía 3D para visualizar el tejido blando del corazón y los rayos X en vivo para ver los catéteres y los implantes con los que están trabajando. Las dos modalidades de imagen ofrecen perspectivas muy diferentes de la misma escena, creando un reto cuando se trabaja con el corazón. El sistema ha sido cuidadosamente diseñado para realizar una gran diversidad de estudios a todo tipo de pacientes. Es ideal para una amplia variedad de exámenes, como Ortopedia, Estudios Generales de Radiografía, estudios con Bario, Endoscopia, Urología, Angiografía, etc. La amplia capacidad de movimientos y el Flat Panel Dinámico (FPD) permite realizar todo tipo de exámenes en condiciones muy seguras sin necesidad de mover al paciente. Procesamiento de imagen de alta calidad de imagen en Fluroscopía y Radiografía.

DR liviano e Inalámbrico

Especialmente diseñado para su utilización en áreas remotas, el FDR-flex, de Fujifilm. Al ser conectado a una fuente de Rayos X, detecta automáticamente la exposición y muestra la imagen nítida, con alta eficiencia de dosis en un tiempo aproximado de 1 o 2 segundos.

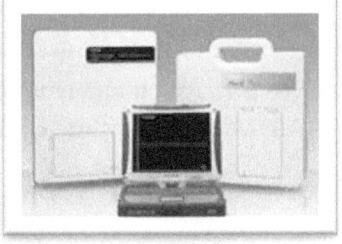

Está compuesto por un computador portátil, una cada de comunicaciones y el panel original FDR D-EVO o también llamado panel inalámbrico en serie P. Es gracias a la tecnología Dynamic Visualization, que reconoce la región de interés y aplica parámetros de procesamiento automático en todo el campo de exposición, produciendo imágenes con alto contraste y detalle. El FDR-flex incluye funciones de procesamiento multifrecuencia, control flexible del ruido y eliminación del patrón de rejilla.

La caja de comunicaciones puede ser colocada en el espacio para casetes de la unidad de rayos X portátil. El software de consola intuitivo y los accesos directos al Fujifilm Synapse PACS simplifican el flujo de trabajo.

Sistema de Radiografía Directa a Control Remoto

El DX-D 800, de Agfa Healthcare, es un sistema versátil de radiografía directa (DR) con control remoto que obtiene imágenes en tiempo real para una amplia gama de aplicaciones portátiles de fluoroscopía, radiografía general y exposiciones directas, y ofrece la opción de exámenes de pierna y columna completas.

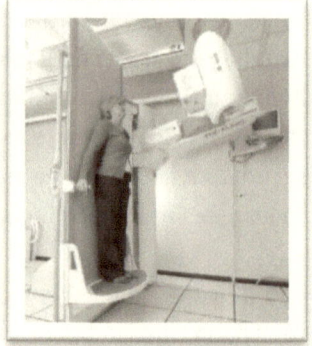

La unidad cuenta con un generador de alta frecuencia de 65KW, pantalla táctil a color de 8" con interfaz de usuario, control remoto infrarrojo y de rayos X usando teclas mecánicas, medidor del producto dosis-área integrado en el colimador, y un interruptor de emergencia que detiene todos los movimientos si se presenta algún problema. El detector de panel plano con tecnología de CsI, que puede desmontarse y colocarse por fuera de la mesa para exposiciones libres, permite el procesamiento automático y la generación instantánea de imágenes de calidad con una velocidad de adquisición de 30 fotogramas por segundo. La mesa puede soportar un peso hasta de 230 kg (500 lbs) y el ajuste de altura motorizado facilita el acceso a pacientes con problemas de movilidad. Su posicionamiento automático libre de radiación con ayuda de una videocámara reduce potencialmente la dosis. La distancia fuente-imagen de hasta 180 cm es ideal para las imágenes del tórax.

La Solución Liviana para Radiología Digital

Este detector es una versión más liviana permite la transferencial digital de datos y la entrega de imágenes primarias en el área de atención. Tiene una resistencia al líquido IPX6, gracias a su diseño, mejora también; la productividad, la inversión, disminución del desgaste.

Una de las principales ventajas de este detector es su compatibilidad con la mayoría de los sistemas fijos y portátiles que utilizan rayos X. Posee también compatibilidad con la detección automática AeroSync, roaming. Disminuye también el tiempo de entrega de imágenes primarias a 1 segundo y de imágenes completas a 6 segundos.

Por otra parte, se destaca su condensador de ion litio que permite hasta 4,1 horas de uso o 150 imágenes con un tiempo de carga de 13 minutos. Los sensores de caída incorporados en el panel y el monitoreo continuo del manejo de datos, reducen los costos de reparación y evitan las fallas catastróficas.

Camilla Compatible con Sistemas de Imagenología

Esta es una camilla compatible con los cassettes convencionales de radiología y arcos en C. Posee una bandeja deslizante, a la cual se puede acceder por ambos lados de la cama, su colchón es traslucido y posee barandas que bajan mucho más que las ya conocidas, lo que es muy importante para la toma de radiografías laterales con el estativo

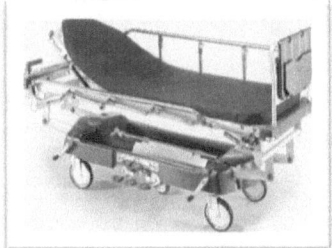

de pared.

La camilla con ruedas Lifeguard 55, de Arjohuntleigh incluye un soporte plegable para líquidos IV integrado y otro adicional, almacenamiento para cilindros de oxígeno, soporte para equipos de oxigenoterapia/succión, una zona amplia para guardar las pertenencias del paciente, y un estante para el monitor y las historias clínicas.

La cama liviana, durable y fácil de maniobrar, soporta un peso de 250 kg, y tiene controles de pedal hidráulicos a ambos lados para ajustes de altura e inclinación, un pedal de emergencia en la cabecera para Trendelenburg, ajuste del espaldar asistido con resorte de gas, ruedas antiestáticas con control de frenos y dirección activado en las cuatro esquinas, sistema de 5° rueda direccional y manijas ergonómicas de empuje y tracción de doble altura.

Además de una mejor atención preventiva y personalizada, la colaboración podría ayudarles a los sistemas de salud y a las compañías, a ahorrar miles de millones en atención ineficiente y descoordinada. Un estudio reciente de la Academia Nacional de Medicina (Washington, DC, EUA), concluyó que entre el 35% y la mitad de los más de tres millones de millones de dólares, que los Estados Unidos gastan en atención sanitaria cada año, se pierden en los procesos de negocio sub-óptimos y de atención ineficaz, insuficiente, innecesaria y sin coordinación. Al compartir y mejorar el uso de los datos de imagenología, IBM espera que la colaboración reduzca los residuos y mejore la calidad de la atención. Toda la calidad y funcionalidad que necesita en un sistema de radiología digital compacto, económico y muy fácil de usar.

TraumaCad móvil

Es un software desarrollado para la planificación de reemplazo de cadera,

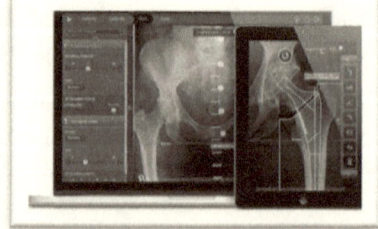

mediante la generación de plantillas y que a su vez proporciona las medidas del implante a utilizar, ya que cuenta con una base de datos de referencias anatómicas que le permite realizar con mucha precisión informes preoperatorios.

Dirigida a ortopedas y es compatible con cualquier PC con Windows o Mac, y además es compatible con DICOM o cualquier PACS. El médico puede, desde un iPad, planear desde una reducción de fractura hasta un reemplazo de cadera o rodilla, además puede compartir las imágenes o planificación del procedimiento con cualquier miembro del grupo o representante de los implantes desde cualquier terminal de internet. Fue aprobado por la FDAVoyant Salud y una división de Brainlab, ganando, a su vez, la aprobación de la FDA para su pre-operación y generación de plantillas para la herramienta orthopedic Trauma Cad móvil en los procedimientos de artroplastía total de cadera y de rodilla.

El software, alinea automáticamente los implantes y otros dispositivos, el cálculo de distancias y desplazamientos pertinentes, para que el médico pueda tener un conocimiento mucho más real del procedimiento antes de realizarlo. Reduce el estrés al paciente, ya que no se tiene que realizar nuevamente las radiografías ni estas tienen que ser impresas para su utilización durante el procedimiento, debido a que el software las almacena para que el cirujano ortopeda tenga acceso fácil a ellas durante la intervención quirúrgica.

Ecografía Cardiaca Combinada con Imágenes de Rayos X

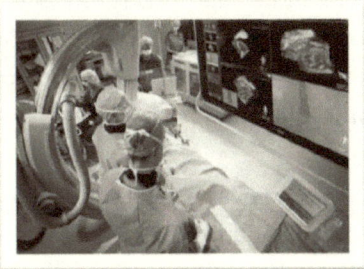

Cuando se realizan procedimientos mínimamente invasivos del corazón, los médicos suelen utilizar la ecocardiografía 3D para visualizar el tejido blando del corazón y los rayos X en vivo para ver los catéteres y los implantes con los que están trabajando.

Las dos modalidades de imagen ofrecen perspectivas muy diferentes de la misma escena, creando un reto cuando se trabaja con el corazón.

Eyes-On Glasses

Desarrollado por Evena Medical, es considerado el primer sistema tecnológico en proveer imágenes vasculares en tiempo real. Las gafas inteligentes permiten detectar las venas del paciente gracias a la tecnología de visión infrarroja, que permite a los médicos ver a través de la piel del paciente.

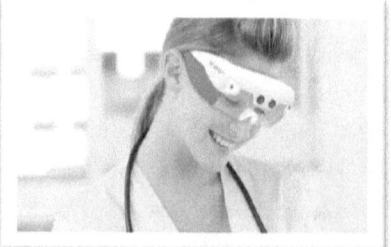

Las Eyes-On Glasses ofrecen la posibilidad de transmitir las imágenes a través de Wi-Fi, Bluetooth y 3G a otros dispositivos; cuentan con altavoces y audífonos para establecer audio-conferencias a distancia, mientras se llevan a cabo procedimientos; y, adicionalmente, integra un sistema de documentación que puede enviar información del paciente directamente a los registros de los hospitales.

Los pacientes se sentirán más tranquilos, ya que médicos y enfermeras obtendrán una precisión exacta al momento de encontrar los vasos sanguíneos, lo cual reducirá los „pinchazos incorrectos", el dolor, los morados y otros efectos producidos por errores comunes en el procedimiento.

Aunque las Eyes-On Glasses han sido diseñadas exclusivamente para procedimientos intravenosos, el artefacto abre el camino a toda una nueva generación de dispositivos que puedan aprovechar y mejorar esta tecnología para otro tipo de aplicaciones médicas, desde cirugías cardiovasculares hasta operaciones oculares, tomografías y diagnósticos.

MAMOGRAFÍA

Desde que el primer mamógrafo fue presentado en 1951, esta modalidad de la Radiología ha avanzado escalonada y exponencialmente, debido a que al inicio, sólo se contaba con una mamografía convencional, la cual se realizaba con un mamógrafo que emitía rayos X. Posteriormente, se desarrolló la Mamografía Digital Indirecta, el mismo equipo, pero en lugar de impactar sobre una placa radiográfica se digitalizaba. Le siguió la Mamografía 2D o Digital Directa la que trajo como 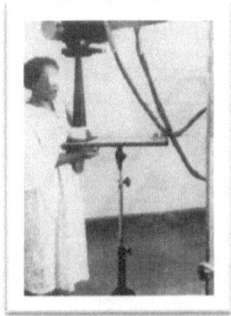 novedad la desaparición de las placas radiográficas de mamografía, ya que eran impresas sin necesidad de la preparación de químicos de revelado y fijado, se obtenía la imagen digital directa de la mama.

El siguiente paso fue la Mamografía Tomosíntesis 3D, la cual permite obtener múltiples imágenes de cada mama. La incorporación de la Mamografía Tomosíntesis Sintetizada nos permite reconstruir los múltiples cortes de la mama en una sola imagen en tres dimensiones (3D), incorporando la posibilidad de obtener una imagen única digital virtual. La mayor diferencia con la Tomosíntesis en 3D, es que la 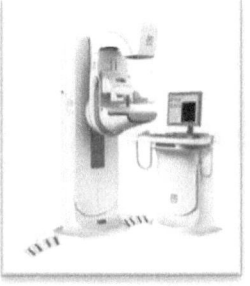 paciente no tiene que realizarse la mamografía digital complementaria, es por esto que disminuye el tiempo de exposición y compresión a la que han tenido que someterse las pacientes. En definitiva, permite sintetizar todas las imágenes de Tomosíntesis en una sola permitiendo ahorrar tiempo y exposición en dosis. El tiempo de adquisición de la imagen es de 10 a 20 segundos, dependiendo del volumen de cada mama, por cada incidencia y la dosis de radiación disminuye un 40% lo que nos permite la adquisición de estudio de igual calidad diagnostica con imágenes de alta calidad.

En comparación con la Mamografía Digital Directa, la Mamografía Sintetizada aplica prácticamente la misma radiación pero la cantidad de imágenes obtenida es muy superior: son dos imágenes por mama contra 120 a 160 por cada una con la Mamografía Sintetizada.

Mamografía Sintetizada

Esta tecnología acaba de ser adquirida por el Instituto Oncológico Nacional (ION), para la campaña de la Cinta Rosada contra el Cáncer de Mamas 2016, instalando un equipo de la marca Phillips, Modelo Giotto Class, el cual presenta el software Raffaelo, desarrollado especialmente para las imágenes mamarias con el menor número de artefactos posibles,

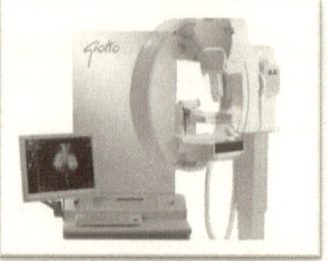

veloz e intuitivo, considerablemente preciso en la reconstrucción y que además comporta un significativo porcentaje de reducción en la dosis de exposición de la paciente. El nuevo software integrado G-View permite la reconstrucción sintética de una proyección mamográfica estándar a partir del conjunto de imágenes 3D de la tomosíntesis. Utilizando la imagen 2D sintética en lugar de la actual 2D + 3D, se reduce drásticamente el tiempo de exposición a las radiaciones y de compresión de la mama de la paciente.

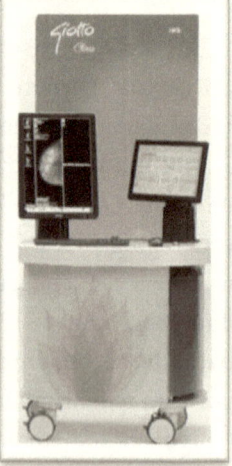

Es posible examinar en pocos segundos y con un simple clic las proyecciones G-View después de la adquisición de la tomosíntesis.

La ergonomía de este equipo es única, aprovechando el efecto de la gravedad para visualizar, con mucha más facilidad, el tejido retromamario. Con este sistema se pueden realizar biopsias en posición vertical o prono, a partir de las  imágenes de la tomosíntesis. Se puede trabajar en modalidad estéreo, tomo o combinada; Acceso de la mama en 360°, en cráneo-caudal y lateral, además. Además, es compatible con todos los sistemas de agujas existentes en el comercio Es muy fácil, la camilla se coloca en posición prono con un sólo movimiento, siendo esta posición muy cómoda y relajante para la paciente.

La AWS (Acquisition Workstation) es extremadamente intuitiva en la utilización y ergonomía del operador. Dotada de una pantalla clínica para la visualización de las imágenes y una 2° versátil táctil, en la cual se controlan cómodamente y se manejan todos los parámetros de la unidad. La AWS es móvil sobre ruedas, que permiten colocarla siempre en la mejor área.

Contrast-Enhanced Digital Mammography (CEDM) es una nueva técnica de formación de imágenes de mama que emplea la mamografía digital con la técnica de energía dual en combinación con una inyección de medio de contraste iodado.

Giotto Class se utiliza para realizar exámenes Dual Energy (mamografía digital con medio de contraste).

El examen se realiza con un posicionamiento tradicional 2D, en muy breve tiempo y en una única compresión se adquieren dos imágenes, una con baja y otra con alta energía, utilizando el medio de contraste iodado. El software de obtención de imágenes elabora las dos proyecciones generando, veloz y meticulosamente, una imagen clínica para detectar la angiogénesis tumoral de modo alternativo a la resonancia magnética de la mama con medio de contraste.

La Imagenología Molecular de Mama (MBI)

Según investigadores de la Clínica Mayo, ubicada en Rochester, Minnesota, Estados Unidos; la Imagenología Molecular de Mama (MBI, por su sigla en inglés) sería un gran coadyuvante para aumentar la sensibilidad de la mamografía en el tamizaje de cáncer en tejido mamario denso.

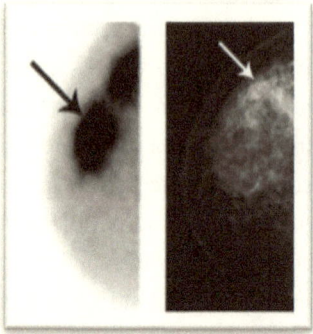

Existe un gran porcentaje de mujeres que presentan tejido mamario denso. La MBI constituye una técnica de medicina nuclear que con la inyección de tecnecio-99m permite la visualización del tejido a través de una cámara gamma.

Este estudio fue publicado en el American Journal of Roentgenology, fue realizado con 1585 mujeres asintomáticas y mostró que la MBI ayudó a detectar 8,8 casos adicionales de cáncer de mama por cada mil mujeres con tejido mamario denso. Los datos del análisis demuestran que en la muestra escogida, la tasa de detección pasó de 3,2 con el uso de mamografía a 12 al combinar mamografía con MBI.

En comparación con cámaras gamma de generaciones anteriores, conocidas como centelleografía mamaria o imagenología gamma específica de seno, ésta tecnología nos ayuda a reducir la dosis al paciente.

Este estudio nos presenta la MBI como una posible alternativa al ultrasonido y a la resonancia magnética como herramienta opcional en el tamizaje de cáncer de seno en mujeres con tejido mamario denso.

Mamografía con Realce de Contraste

Se ha desarrollado como complemento a la mamografía y al ultrasonido no concluyente, SenoBright CESM, realza las zonas de la mama con hipervascularización asociada a lesiones en el tejido, todo esto con la utilización de un medio de contraste yodado. El sistema adquiere los datos necesarios para generar automáticamente dos imágenes por proyección, en una revela la densidad de los tejidos (imagen mamográfica) y en la otra el realce con contraste con el tejido de fondo suprimido. Los niveles de energía utilizados comúnmente en mamografía , son mínimamente sensibles a la presencia de 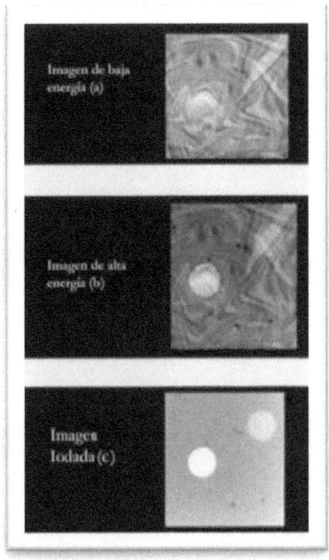 yodo en el tejido mamario. Como se muestra en la figura (a), la concentración atípica del yodo en el tejido de la mama es poco detectable y por esta razón se ha propuesto la eliminación del tejido mamario de fondo en la imagen. Esto se realiza a través de la Mamografía Espectral de realce con Contraste (CESM), la cual se basa en la adquisición de doble energía, de este modo se obtienen dos imágenes mediante la utilización de rayos X con kilovoltaje y filtros de mamografía estándar (baja energía) y otra con kilovoltaje más alto y mayor filtración (alta energía). Figuras b y c. Este procedimiento se realiza en aproximadamente 7 minutos, ya que se inicia con la toma de las imágenes 2 minutos luego de la inyección del medio de contraste yodado.

La diferencia entre la atenuación mediante rayos X del yodo y los tejidos mamarios con estos dos niveles de energía se utiliza para suprimir el tejido mamario de fondo (Figura c).

Aplicaciones Clínicas

- Diagnóstico de lesiones palpables.

- Diagnóstico de lesiones de baja sospecha de malignidad. Estudio complementario de lesiones malignas de reciente diagnóstico.

- Valoración de la respuesta al tratamiento quimioterapéutico neoadyuvante y seguimiento posquirúrgico.

- Pacientes no aptas para estudio por RM.

Tabla 3 Principales ventajas y desventajas de la CESM

Ventajas	Desventajas
Rápida (7 min)	Mayor dosis de radiación que la mamografía convencional (20-50%)
Fácil de reproducir	Debe realizarse en ayunas (se debe programar)
Fácil de interpretar	No se puede realizar en pacientes con alergia al yodo sin premedicación
Económica (comparada con la RM), aunque implica aproximadamente un 20% más de gastos que una mamografía convencional	No se puede realizar a pacientes con insuficiencia renal
Bien tolerada por las pacientes	Se puede dar algún caso de reacción alérgica
Aporta en el mismo proceso el estudio rutinario y la imagen con contraste	Hoy por hoy solo una casa comercial posee la patente del software necesario
Estudia las 2 mamas en el mismo proceso	El rendimiento diagnóstico en las prótesis mamarias es menor
Se puede hacer a pacientes con marcapasos y material metálico	No sirve para el estudio de los siliconomas
Posible en pacientes con claustrofobia	Escasos estudios clínicos hasta el momento actual

CESM: mamografía con realce de contraste espectral (o de energía dual).

MAMMI PET

Mammography Molecular Imaging- Positron Emission Tomography, lo que en español sería Mamografía de Imagen Molecular por Tomografía de Emisión de Positrones.

Este sistema permite detectar el cáncer hasta un año antes de que se desarrolle, ya que las técnicas tradicionales nos muestran una imagen anatómica de mama, mientras que la imagen molecular PET es una imagen funcional. Lo que es muy importante, debido a que a través de esta nueva técnica se muestra el comportamiento, el metabolismo, la actividad y cuantificación de la agresividad del tumor.

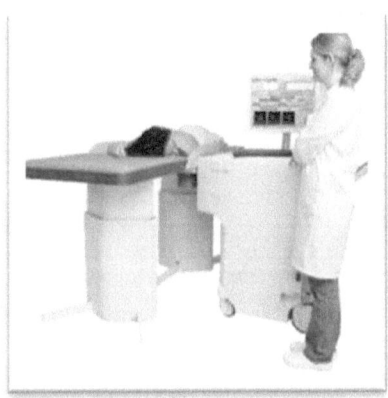

Este PET, ha sido creado por compañía valenciana Oncovision, el cual está dedicado a la mama y cuenta con la máxima resolución clínica desarrollada hasta ahora, lo que podría conllevar al 100 por ciento de supervivencia. Este sistema es muy beneficioso, pues puede detectar lesiones muy pequeñas, inclusive en pacientes con mamas densas y mucho más beneficioso aún, en pacientes cuya historia familiar incluye cáncer de mamas, ya que la detección del cáncer sería en una etapa sumamente temprana.

MAMMI PET cuenta una camilla con orificios para las mamas. La paciente debe realizarse la prueba en ayunas, se le toma el peso y la talla, se le inyecta en el brazo contrario a la mama afectada. Se coloca en decúbito prono e introduce su pecho, en los orificios. Una anilla del PET se coloca y ajusta alrededor de la mama, sin comprimirla, por lo que no causa dolor, y el lector refleja, en una imagen tridimensional y en colores, si hay o no actividad celular en la mama y en las zonas circundantes. En sistema es de baja dosis, localización precisa, interpreta el consumo celular de glucosa, con una duración aproximada de 20 minutos.

El MAMMI PET fue diseñado con cámaras especiales de alta resolución espacial, de menos de 1,6 mm., que pueden visualizar lesiones cancerígenas muy pequeños, hasta ahora imposibles de ver, lo que puede adelantar un hasta un año la detección las células malignas.

Aplicaciones Clínicas

- Rápida y precisa medición de los resultados de terapia sistémica primaria (neoadyuvante), quimioterapia, hormonoterapia y radioterapia.

- Caracterización del tumor clara e inmediata, así como diferenciación entre lesiones benignas y malignas.

- Diagnóstico muy precoz de cáncer de mama en pacientes de mama compleja o grupos de alto riesgo.

- Seguimiento fiable post-cirugía, diferenciando tejido cicatricial de tejido local.

- Estratificación en lesiones sospechosas identificadas en screening y mamografías no concluyentes.

NIST Prototipo de Fantoma Mamario para estandarizar la Resonancia Magnética de Mamas.

Se ha creado para ayudar a estandarizar, debido a que no existen aún normas universales que permitan evaluar el rendimiento cuantitativo de equipos de RM en el estudio de la mama, y es difícil comparar imágenes del mismo paciente tomada en  dos sistemas diferentes, o las imágenes tomadas en el mismo sistema en un período de meses, se ha creado un fantoma de tejido mamario que permitirá a los usuarios probar la exactitud de sus sistemas de imagen contra un estándar.

Software de Inteligencia Artificial

De acuerdo con un estudio publicado en la revista Cáncer, este software de Inteligencia Artificial, le permite a los médicos predecir, en poco tiempo y en forma precisa, el riesgo de cáncer de mama, ya que es capaz de interpretar las mamografías eficazmente, evitando procedimientos innecesarios.

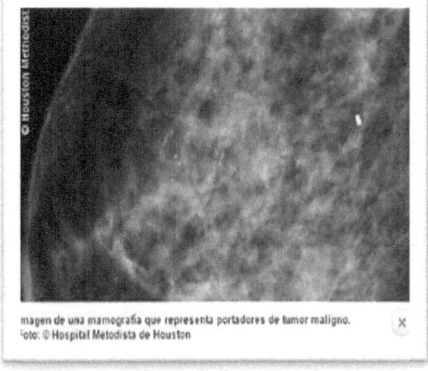

Imagen de una mamografía que representa portadores de tumor maligno.
Foto: © Hospital Metodista de Houston

Este software desarrollado en el Hospital Metodista, en Houston, Estados Unidos; escanea el expediente de la paciente, extrae las características del diagnóstico y los resultados de la mamografía y los correlaciona con los subtipos de cáncer, 30 veces más rápido que un humano y con noventa y nueve por ciento de exactitud. Es a través de factores como la expresión de proteínas de tumores para predecir con precisión la probabilidad de diagnóstico de cáncer de seno en cada paciente.

Una de cada tres biopsias de mama es innecesaria, ya que este procedimiento es indicado cuando, a través de mamografía o ultrasonido, se encuentra tejido sospechoso.

La revisión completa y manual de cada expediente les toma a dos médicos aproximadamente 1 hora ó 1.5 horas, por lo que al revisar 500 expedientes les tomaría entre 500 y 750 horas. El programa de inteligencia artificial revisó 500 expedientes en tiempo breve, y les ahorró así a los profesionales más de 500 horas de trabajo.

ULTRASONIDO

El desarrollo Radiología ha impactado grandemente al mundo entero, sus continuos avances y modernizaciones, que han ido de la mano con un impacto favorable a la humanidad, la cual es la mayor beneficiada con los constantes cambios en la tecnología.

El contar con equipos que facilitan un mejor diagnostico e incluso participan en el tratamiento y en mejorar la calidad de vida del paciente hace que la práctica de la medicina sea más efectiva.

Una de las modalidades radiológicas que ha sufrido mayor desarrollo es el ultrasonido, el que se ha convertido en una prueba básica para el diagnóstico y al tratarse de una técnica ideal para el descubrimiento de hallazgos marginales. La detección casual de algunos tumores, habitualmente silentes, en riñón, vejiga, etc.

Tras un estudio ecográfico correctamente realizado, el paciente se verá favorecido con un diagnóstico certero, así como un pronto y eficaz tratamiento. En la actualidad contamos en el mundo con lo último que se ha lanzado en ultrasonidos por mencionar algunos:

Voluson E8 Expert

Es un sistema de ultrasonido de gama alta diseñado para responder a las necesidades de la Salud de la mujer incluidas las áreas de obstetricia, ginecología, medicina materno-fetal y medicina de reproducción asistida. Las innovaciones en calidad de imagen, automatización, tecnología del transductor y análisis de imágenes le proporcionan la

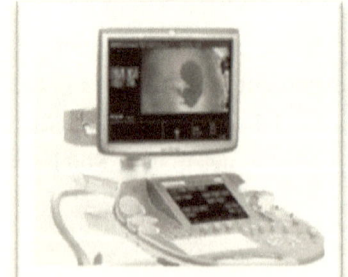

extraordinaria visualización que necesita para ofrecer una excelente atención a sus pacientes. La herramienta de adquisición de imágenes HDlive de Voluson E8 aporta un realismo excepcional a los ultrasonidos y la posibilidad de explorar los detalles más pequeños de forma extraordinaria. Visualización extraordinaria. Atención al paciente extraordinario.

Ultrasonidos Compactos con Tecnologías Migradas.

QSP: (Quad Signal Processing): La plataforma Digital y la elevada sensibilidad de los transductores empleados hacen que el sistema sea capaz de procesar, simultáneamente, ecos de hasta 4 direcciones diferentes para poder multiplicar la Velocidad de Cuadro (Frame Rate) en esa misma cantidad e incrementa la densidad de líneas de exploración ultrasónicas. El resultado es una imagen de excelente calidad con altísima Resolución Temporal y espacial.

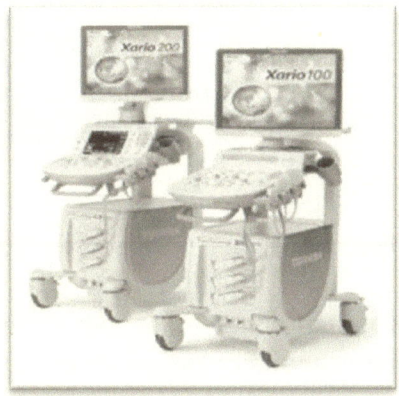

La tecnología de estos equipos va cada vez dando pasos agigantados tanto así que por primera vez en España se ha llevado a cabo una intervención de cerebro a una paciente sin abrir el cráneo, mediante ultrasonido de alta intensidad focalizados y guiados por resonancia magnética de 3 teslas, el equipo con mayor potencia para el estudio morfológico del cuerpo humano.

Ecografía 5D.

Desde los primeros ecógrafos es mucho lo que ha avanzado la tecnología. Transductores más eficientes, ondas de más alta frecuencia, imágenes más precisas y posibilidad de obtenerlas desde el interior del cuerpo. Ecografías

2D, 3D, 4D y ahora, ecografías 5D. Es una imparable carrera en pos de la imagen más nítida, del diagnóstico más certero. Y también, ¿por qué no? de la imagen más realista y emotiva cuando de fetos se trata. Pues es lo que todos los padres y madres buscan. Seguridad, detección lo más precoz posible de cualquier posible patología y también un contacto temprano con el futuro bebé. ¿Qué madre no sueña con la cara de su bebé? Pues mejor que soñarla es verla. Y para ello, nada como el 5D Art.

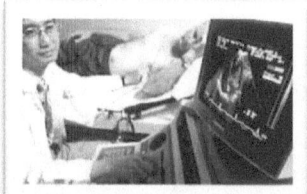 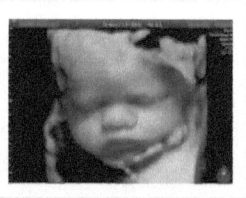

Ecocardiografía con Transductor Transesofágico (TTE) en 3D

Característica principal es la proximidad entre el transductor y las estructuras cardiacas posteriores, ofreciendo:

- La ausencia de interfacitas normalmente ocasionadas por el tejido del pulmón y los huesos de las costillas.

- Visualizaciones únicas.

- Mejor comprensión de la relación entre las estructuras cardiacas.

- Medidas exactas de válvulas y las funciones ventriculares.

Obteniendo como beneficio:

- Evaluación clínica de las válvulas protésicas.

- Apoyo durante el implante percutáneo de válvula aorta.

- Diagnóstico de endocarditis infecciosa.

- Diagnóstico de la regurgitación para valvular.

Aplicación Lumify.

Esta es una aplicación que se descarga en el teléfono inteligente y se complementa con transductor con un enchufe micro-USB, sin necesidad de accesorios adicionales, es sólo cuestión de encender y utilizar.

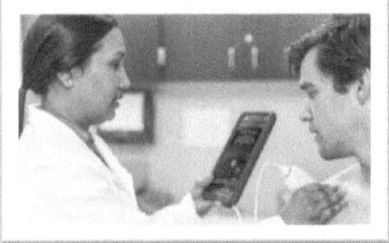

Destinada principalmente para:

- La medicina de urgencia
- Ultrasonido de cabecera urgente
- Utilizado en otros entornos clínicos.

Incluye una plataforma especial, que permite a los a los profesionales de la salud subir, compartir y guardar imágenes clínicas y datos en un servidor "de nube" servidores seguros.

Es una opción ideal para la tele radiología, ya que se consideran más baratos y las tendencias es de teleultrasonido. La portabilidad de Lumify, en conjunto con HealthSuite de Phillips, demuestra que pronto no se requerirán de equipo pesado o de un cuarto propio de ultrasonido, sino que este servicio podrá llegar al paciente en donde esté.

Aplicación Clarius

La mayor y más significativa diferencia entre Lumify y Clarius, es que esta última es completamente inalámbrica. Y esto se debe a que inclusive el transductor es inalámbrico. Además este se puede conectar con cualquier dispositivo inteligente en cualquier lugar y en cualquier situación.

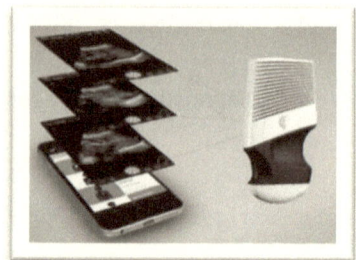

Sus principales características:
- Funciona con iOS y dispositivos inteligentes Android.
- Es completamente inalámbrico con un diseño compacto y ergonómico.
- Es muy sensible, sin retrasos.
- Tiene una interfaz intuitiva y ajustes automáticos.
- Tiene una calidad de imagen impresionante.
- Duración de batería larga.
- Tiene una carcasa de magnesio que hace que el transductor y la batería sean resistentes al agua.
- Plataformas como Clarius están destinadas para ser transportadas por los profesionales de la salud y están diseñadas sobre todo para su uso en exámenes y procedimientos como los bloqueos nerviosos, inyecciones con guiado de precisión y para su uso junto a la cama

Ecógrafo ABUS

Gracias a la arquitectura de imagen de Invenia ABUS, el procesamiento de imágenes ecográficas ya no se basa en hardware, sino en software, lo que da lugar a un rendimiento extraordinario en un

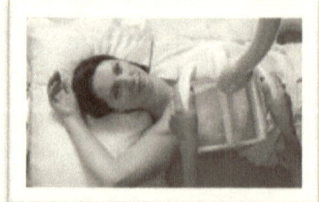

entorno de rápida adquisición de imágenes de mama, puede mejorar la detección del cáncer hasta en un 55 por ciento después de haber obtenido un diagnóstico negativo o benigno en la mamografía.

Permite acceso al volumen total de la mama en 3D y en múltiples planos, lo que resulta en una significativa mejoría a la hora de que el médico realiza la interpretación de las imágenes, pudiendo determinar la etapa del cáncer con mayor facilidad, antes de realizar cualquier intervención quirúrgica.

Los algoritmos avanzados automatizan el proceso de adquisición para incrementar así la calidad de la imagen y la reproducibilidad entre usuarios; entre ellos se incluyen: Ecualización tisular, compensación del sombreado del pezón, detección del borde de la mama y detección de la pared torácica. Cada uno de estos algoritmos ha sido desarrollado para eliminar las distracciones y centrar la atención del médico en el aspecto más importante: la anatomía.

Ultrasonido guiado por Resonancia Magnética.

El primer ultrasonido focalizado, ExAblate Neuro, de Insightec, ya cuenta con la autorización de la FDA para su uso clínico, esta dirigido a los pacientes con temblor esencial que no responden al medicamento.

Este equipo genera ondas de ultrasonido con frecuencias entre 200 y 680MHz, utiliza imágenes de resonancia magnética obtenidas durante el procedimiento para identificar el área afectada y en la cual se focalizan los dispositivos de alta energía, produciendo un efecto de ablación que destruye el tejido que produce el temblor.

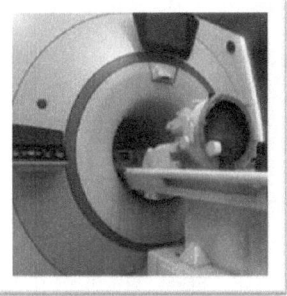

Esta técnica será de gran ayuda al incrementarse la esperanza de vida de la población mundial.

DENSITOMETRÍA

Lo que era la tecnología de Rayos X de doble energía (DXA) para Densitometría ósea que se ha convertido en el estándar para evaluar la salud de los huesos. Hoy, usando los nuevos sistemas, los médicos pueden identificar fracturas que no se encuentran por otros medios. Un beneficio adicional de estos avances, además de la medición de la densidad ósea, es el creciente uso de la misma tecnología para visualizar calcificaciones de la aorta abdominal (AAC) y realizar estudios de Composición Corporal Avanzada (ABC™) para obesidad mórbida, riesgo cardiovascular, medicina deportiva, nutrición, enfermedades metabólicas y otros usos adicionales.

Los nuevos equipos de Densitometría fabricados con la mejor tecnología para realizar estudios de problemas de salud tales como osteoporosis, fracturas en cadera u otros huesos así como problemas cardiovasculares e incluso problemas por obesidad.

Estos equipos ofrecen imágenes de alta calidad y precisión, además cuentan con funciones especializadas para detectar fracturas en cadera o visualizar zonas específicas del cuerpo. Dicha tecnología permite escanear a una velocidad muy rápida sin perder en 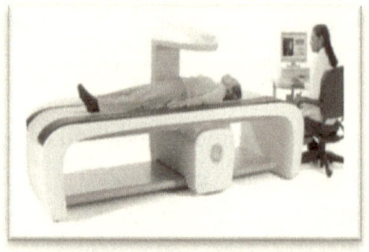 ningún momento la calidad en las imágenes y pasando solamente una vez el escáner.

Además cuentan con características únicas para obtener la máxima resolución y permitir un fácil diagnóstico; ofrecen tecnología para adquirir mediciones precisas en Densitometría.

Con funciones como High Definition Instant Vertebral Assessment (IVA-HD), muestran al instante imágenes con una resolución mucho mejor que otros equipos de Densitometría, por otro lado, destaca por contar con funciones para visualizar la calcificación de la aorta abdominal.

Facilita el trabajo del especialista e incluso del paciente debido a su rapidez, calidad y eficiencia:

- Precisión y exactitud excepcionales.

- Velocidad y calidad de imagen. Permite realizar un estudio de columna y cadera en hasta un mínimo de 10 segundos.

- Consistencia en todos los exámenes. Realiza calibración continua y automática, asegurando mediciones precisas y repetibles.

- Localización de artefactos e identificación de zonas de alta densidad y bordes óseos para garantizan unos valores de DMO de máxima precisión y reproducibilidad.

- Imágenes de calidad radiográfica para identificar y clasificar las deformidades vertebrales en términos de etiología, grado y forma, pero a dosis inferiores a las empleadas en equipos de rayos X convencionales.

- Precisión superior para la detección temprana de cambios mínimos y estadísticamente significativos, pudiendo mejorar la cooperación por parte del paciente, orientarle en la selección del tratamiento o reducir el tamaño de la muestra necesaria para llevar a cabo ensayos clínicos.

- Tecnología de haz lineal, combinada con el programa de Reconstrucción de Imagen Multi-View (MVIR), para evitar los errores de magnificación.

- Detector directo-digital con barrido inteligente para optimizar los espacios muertos y ayudarle al mismo tiempo a identificar con mayor precisión los contornos de la región de interés.

Ultrasonido Cuantitativo

El Ultrasonido Cuantitativo (QUS) es una tecnología portátil y exacta, que mide las propiedades de los huesos en el talón, sin el uso de radiación ionizante.

Evaluación exacta del riesgo de fractura, confortable para su paciente y conveniente para los operadores.

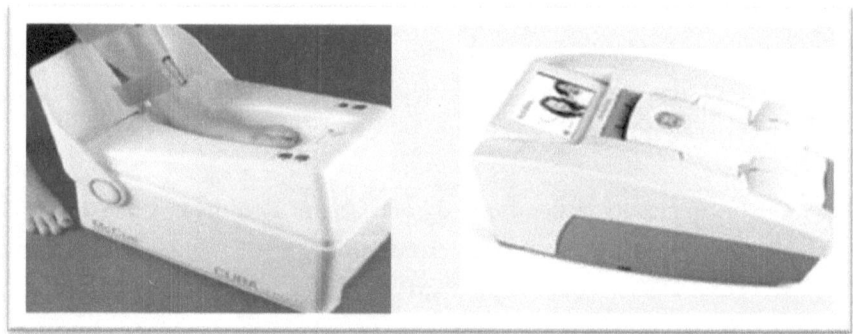

RADIOLOGÍA ODONTOLÓGICA

En Panamá, no estamos muy lejos de los avances radiológicos que existen en Odontología en el resto del mundo. Actualmente, en nuestro país se utilizan software, equipos, dispositivos de última tecnología en el mundo, sobre todo en el sector Privado que va a la vanguardia en cuanto a Radiología se refiere.

Con los nuevos software y equipos 3D radiológicos para Odontología podrán aprovechar de forma óptima las ventajas que le ofrecen los flujos de trabajo dentales integrados. Estos nuevos softwares y equipos radiológicos están diseñados para ganar tiempo, obtener seguridad y lograr los mejores resultados.

Ofrecen una variedad de funciones esenciales para la adquisición, gestión, análisis, diagnóstico, presentación y sencilla trasmisión de tomas. Resaltan las funciones, en particular, las más utilizadas, lo que permite al usuario localizarlas más fácilmente.

Tomografía Dental

La Tomografía Dental en odontología es una herramienta muy útil para realizar diagnósticos, ya que permite una visualización más detallada de aquello que no podemos observar en una radiografía regular ni panorámica, al ser éstas imágenes en dos dimensiones. Esta característica le permite al profesional hacer un análisis más profundo tanto de las estructuras dentales como óseas, debido a que su visualización se vuelve sumamente clara, aparte de la gran ventaja que representa el hecho de poder acercar y girar a conveniencia las imágenes con mayor calidad en la definición.

Su uso resulta especialmente relevante al permitir detectar otras lesiones que pueden pasar desapercibidas si se estudian con técnicas radiográficas convencionales, y en el caso de que se requiera colocar implantes, al permitir medir ancho, largo y grosor del hueso donde irán colocados.

Nuevos sensores de alta resolución que trabajan con baja dosis, y aplicaciones para visualizar las imágenes, hacen que el diagnóstico por Tomografía 3D se esté aplicando cada vez más en la odontología general.

Equipos tales como Promax 3D Cone Beam de la empresa Planmeca permite visualización de la imagen en tiempo real en 3 planos simultáneamente; y tiene tres opciones para imágenes volumétricas y/o panorámicas y telerradiografías. A parte de eso, las imágenes son adquiridas en pulsos (efecto estroboscópico) mejorando la calidad y reduciendo mucho la 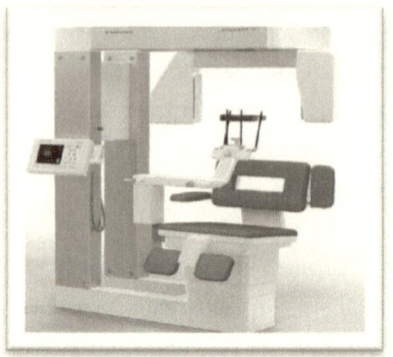 exposición del paciente a la radiación. También tiene tecnología CCD para captura de las imágenes Lenguaje DICOM (Almacenaje e Impresión). Sistema abierto para integración con los siguientes programas: Simplant, NobelGuide, Cibermed, VWorks, V-Implant, Amira e Robodent, y otros más. Las unidades Planmeca Promax pueden recibir la actualización para el sistema digital (Película-Tomografia 3D - Cone Beam) sin la necesidad de adquisición de otro equipamiento, una ventaja importante.

Estos equipos, tienen alta definición, presentan la imagen en 3D, los datos son digitales y tienen mayor exactitud de información de la región oral y estructuras maxilofaciales.

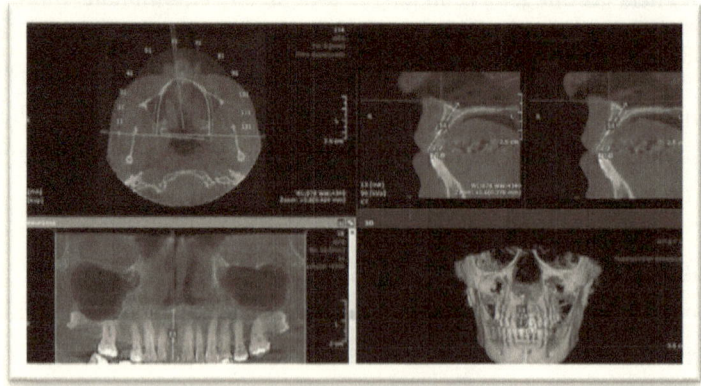

TOMOGRAFIA Promax 3D Cone Beam

Software Radiológicos Dentales

Entre las nuevas especificaciones podemos mencionar:
- El procesamiento de filtros y de imágenes para mejorar el diagnóstico y la comunicación con el paciente (junto con la posibilidad de configurar filtros automáticos e individuales para un mayor ahorro de tiempo)
- Herramientas de medición y de anotación
- Integración en el flujo de trabajo de radiografías.
- Modelos de radiografías para una radiografía eficiente del estado intraoral
- Importación más rápida e intuitiva
- Exportación rápida y sencilla de los datos en distintos formatos, como por ejemplo: DICOM, PDF o Viewer

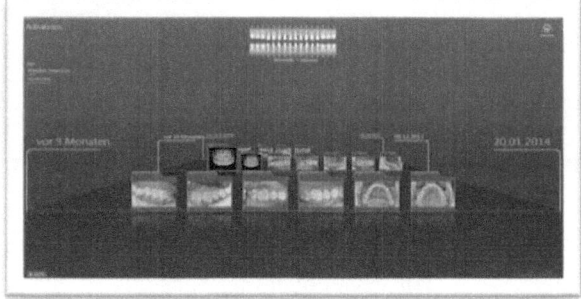

- Interfaz para la integración de aplicaciones adicionales como el software para la gestión de pacientes.
- Permite obtener una vista rápida del historial completo del paciente, ampliando sus opciones de diagnóstico de forma completamente intuitiva en una dimensión temporal.

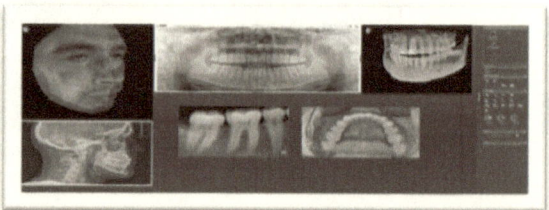

- En la fase de comparación, el odontólogo puede analizar varias tomas de forma sencilla y simultánea. Es posible combinar varias radiografías en 3D a fin de realizar una perfecta comparación

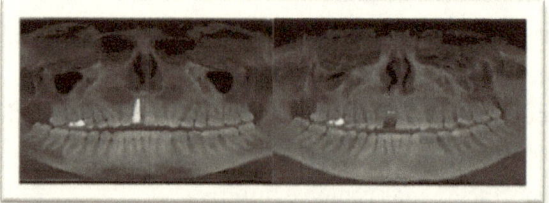

Entre los Software que podemos mencionar están:
- Direct Conversion Sensor
- Sharp Layer (SL)
- Software para la reducción de los artefactos metálicos

Sistema de Radiografía Panorámica

Entre sus nuevas características podemos mencionar:
- Sensor DCS (Direct-Conversion-Sensor) para una nitidez sin precedentes

- Tecnología SL (Sharp Layer) para una impresión nítida del maxilar completo.
- Tecnología interactiva SL para el enfoque lingual/bucal del objeto.
- Software radiológico Moderno, intuitivo, sin Precedentes.
- Posibilidad de equipamiento con el brazo Ceph y Ampliación a un equipo 3D.
- El posicionamiento automático del paciente por pieza de mordida oclusal.
- Manejo especialmente sencillo e intuitivo.
- Sistema de reducción de dosis.
- Con el módulo 3D de reequipamiento con un campo de visión cilíndrico de 8 x 8 cm ganará seguridad en los casos de diagnósticos complicados.
- Variedad de programas panorámicos y programas cefalométricos.
- Posicionamiento del paciente automático con pieza de mordida oclusal.
- Brazo tele radiográfico opcional
- Manejo muy cómodo y posicionamiento estable del paciente

Opciones 3D

- Modo de mandíbula doble (8 cm x 9 cm) captura ambos arcos dentales en una sola exploración para los casos que involucran a un área más grande
- Modo de mandíbula única (8 cm x 5 cm), ideal para los casos que requieren una visión completa de cualquiera de mandíbula o el maxilar, incluida la

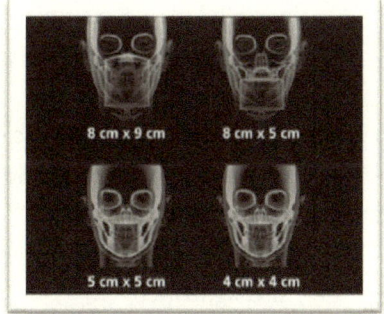

planificación de implantes con la creación de la guía quirúrgica y cirugía oral
- Campo universal de vista (5 cm x 5 cm)-el compromiso ideal del tamaño de la imagen y la dosis, este modo se asegura de que usted reciba los detalles que necesita, sin información innecesaria; ideal para la mayoría de aplicaciones dentales locales
- Modo EndoHD (5 cm x 5 cm; 75 micras de resolución) el modo de alta resolución ofrece la máxima precisión para los exámenes que requieren una mayor visibilidad de la raíz del paciente y / o morfología del canal; más adecuado para aplicaciones de endodoncia
- Programa Pediátrica (4 cm x 4 cm)-límite de exposición del paciente al confinar la radiación a un área pequeña; una gran opción para los pacientes más jóvenes, la planificación del implante y exámenes de seguimiento

Equipos Intraorales

- Mejor calidad de imagen con un manejo sencillo combinado con larga vida útil.
- Con tres longitudes disponibles de brazo de soporte.
- Numerosas opciones de montaje y la posibilidad de cambiar con rapidez y sencillez de radiografía de película a digital.

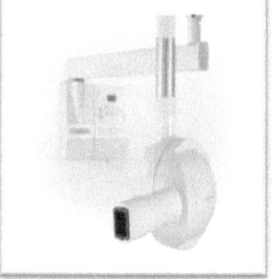

- Manejo intuitivo y seguro Calidad resistente, integración flexible.
- La unidad AC con tiempo de exposición breve es perfecta para las radiografías digitales.
- Calidad de imagen excelente para obtener las mejores posibilidades de diagnóstico.
- Integración flexible en cualquier habitación con solución de pared y móvil.

Dosimetría

Dado que el tema de la dosis es cada vez más importante, los equipos Odontológicos cada día se están optimizando para conseguir la mejor calidad de imagen con la menor dosis.

Desde el posicionamiento del paciente hasta la imagen final en el monitor, todos los pasos de la cadena de formación de imagen están siendo cuidadosamente ajustados los unos con los otros.

Se está diseñando para reducir la dosis por radiografía con la tecnología más novedosa de intensificadores de imagen. Al insertar un volumen bajo de escaneo es posible reducir más la dosis.

TOMOGRAFÍA

Desde el desarrollo del primer tomógrafo en la década del 70, éstos han venido sufriendo una serie de cambios, logrando una gran evolución.

En Panamá contamos con tomógrafos de alta tecnología, tanto a nivel público como privado. En su mayoría son de 64 cortes. El Hospital Santo Tomás hay un tomógrafo de 256 cortes que es uno de los más modernos del país.

Actualmente nos encontramos frente a una quinta y sexta generación de tomógrafos. En cuanto a la quinta generación, sus diseños pretenden mejorar la calidad de imagen con un menor tiempo de exploración y una menor dosis para el paciente. En estos tomógrafos hay múltiples fuentes fijas de rayos X y numerosos detectores también fijos, como ventajas y desventajas tenemos que son muy caros, rápidos y con tiempos de corte cortísimos.

Los de sexta generación se basan en un chorro de electrones. Es un cañón emisor de electrones que posteriormente son reflexionados (desviados) que inciden sobre láminas de tungsteno. El detector está situado en el lado opuesto del Gantry por donde entran los fotones. Consigue 8 cortes contiguos en 224 milisegundos.

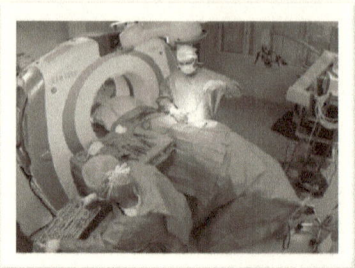

Existen equipos que cuentan también, con congelación de instantáneas, un avance de corrección de movimiento inteligente que reduce significativamente el movimiento coronaria, más allá de los límites de la velocidad de rotación CT.

Con estos avances, la tomografía computada se convierte en la preferida en ciertas ramas de la medicina, como es el caso de la cardiología. Gracias a estas velocidades se hacen muy atractivos los estudios de angiografías coronarias. Al mismo tiempo, los avances técnicos han reducido sustancialmente los efectos adversos y los factores limitantes, como la exposición a la radiación, la cantidad de medio de contraste yodado que se aplica y el tiempo de exploración, lo cual la hace apropiada para aplicaciones clínicas más amplias.

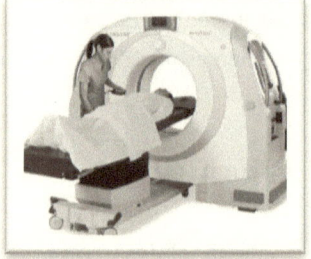

Aparte de estos cambios significativos en los CT tal y como los conocemos fijos dentro de una sala hoy en día existen los tomógrafos portátiles, tal es el desarrollo que para el mes de agosto del 2016 se presentó un nuevo modelo el escáner BodyTom de 32 cortes fabricado por Neurológica, una filial de Samsung, es un equipo que brinda la posibilidad de convertir una sala de cirugía o cualquier habitación de un hospital en un recinto de adquisición de imágenes tomográficas.

El sistema cuenta con un gantry de 85 cm y 60 cm de campo de visión, el mayor campo de visión disponible en un escáner CT portátil. Se alimenta por batería lo que permite transportarlo de habitación en habitación, además es compatible con sistemas PACS y DICOM, de planificación quirúrgica, y sistemas de navegación robóticos hospitalarios.

Su combinación de rápido tiempo de escaneado, configuración flexible y visualización de imágenes inmediata hace de este equipo una herramienta valiosa para cualquier tipo de necesidad de formación de imágenes en tiempo real portátil versátil.

Diseñado en principio para uso en neurología, pero puede ser utilizado para extremidades o en pacientes pediátricos a cuerpo entero.

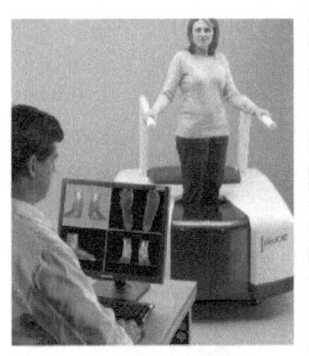

Esta línea de CT no termina aquí ya hay modelos para ortopedia como lo es el tomógrafo para las extremidades Verity con cono de haz. El Verity adquiere imágenes volumétricas (3D) de alta resolución de las extremidades a una dosis de radiación baja. Realiza imágenes volumétricas con reconstrucción multiplanar y producción de volumen, proporcionando una visualización óptima de las fracturas y deformaciones. La resolución de imagen estándar es isotrópica de 0,2 mm, y un modo opcional de alta resolución que la aumenta hasta 0,1 mm.

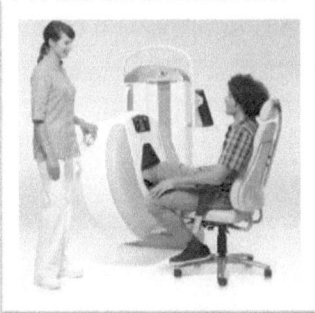

La dosis de radiación es hasta diez veces menor en comparación con los protocolos de imagen de las extremidades con la TC convencional. El escáner es móvil y tiene un pórtico de superficie ajustable y suave; y bandejas de posicionamiento dedicadas a los pacientes. Puede tomar imágenes de pacientes sentados, boca arriba y de pie. Hay otros CT ortopédicos como el tomógrafo para consultorio de tobillo y pie. Este, emplea tecnología de TC con haz cónico (Cone Beam), que es una variante de la TC que utiliza rayos X divergentes, formando un cono.

Las ventajas de esta técnica en comparación con las TC regulares son un escáner más pequeño, dosis muy reducida de radiación y tiempos de exploración cortos. Las imágenes Cone Beam de la TAC es una técnica relativamente nueva que se ha estado realizando en los últimos diez años, principalmente en las prácticas dentales y en las otorrinas, siendo esta la primera aplicación que sabemos está fuera de esa área.

El escáner ofrece datos volumétricos en 3D que se pueden reconstruir en forma de imágenes en diferentes planos o en 3D. Aplicaciones propuestas para el escáner incluyen la planificación preoperatoria, la detección de fracturas, la evaluación de las luxaciones y subluxaciones, la evaluación de las articulaciones artríticas y la detección precoz de la osteomielitis. El tiempo de procesamiento de las imágenes es de aproximadamente un minuto, durante el cual uno o ambos tobillos y pies pueden escanearse.

Como vemos la tomografía computada está ligada a diferentes ramas de la medicina como al igual que a otras técnica de diagnóstico por imagen. Ella participa en unión con la medicina nuclear (SPETCT), en las planeaciones de radioterapia, en cardiología, ortopedia, neurocirugía, odontología y en muchas más y seguirá aumentando a medida que vaya avanzando su desarrollo.

Los desarrolladores de los tomógrafos buscan como meta reducir la dosis de radiación a los pacientes, los tiempos de corte y de exploración bajos, mejorar la calidad de la imagen, reducir el volumen de contraste y los tiempos de visualización de imágenes.

RESONANCIA MAGNÉTICA

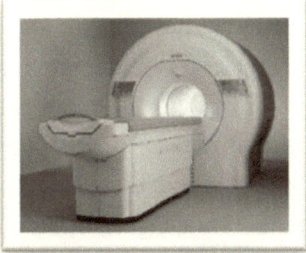

Es espectacular cómo han evolucionado las técnicas de Resonancia Magnética Nuclear (RMN) en el campo clínico. Desde que empezara a utilizarse para el estudio por imagen del cerebro, la médula espinal y la columna vertebral con aplicaciones muy limitadas pero, sin duda revolucionarias, hasta nuestros días, en los que su uso es casi imprescindible para el diagnóstico de todo tipo de lesiones y patologías: osteo- musculares, cardíacas, oncológicas, hepáticas y de vías biliares, neurológicas y un largo etcétera; han sido muchos los avances científicos y técnicos en este campo.

La IRM de 3,0 T son equipos de última generación, de mayor potencia admitida actualmente por los organismos médicos internacionales para el estudio morfológico del cuerpo humano. Como ventaja más reseñable, destaca su precisión ya que posibilita "obtener una mejor calidad de imagen en un menor tiempo de exploración". A nivel asistencial, las especialidades médicas que resultan más beneficiadas con esta tecnología, y en las que su utilización es más novedosa, son la neurorradiología, el diagnóstico por imagen en lesiones músculo-esqueléticas y la angiografía por Resonancia Magnética. Además, existen otras áreas del cuerpo cuyo estudio también se mejorará con el uso de la resonancia de 3 Teslas, como el abdomen, la mama y el corazón, entre otras.

La diferencia fundamental en los equipos de resonancia la establece la intensidad del campo magnético principal. De este modo, existen campos magnéticos o equipos de resonancia que van desde el 0.2 Teslas, "hasta equipos que actualmente están en fase de experimentación que alcanzan los 7 Teslas", especifica.

Actualmente son muchos los usos clínicos que se le dan a la RM: imágenes de RM, espectroscopia, RM funcional, intervencionismo por RM, etc. En este último, su utilización se justifica por distintas razones como son: no utiliza radiación ionizante, da una excelente información de los tejidos blandos, se tiene la posibilidad de adquirir imágenes funcionales, se adquiere información en tiempo real durante tratamientos, se puede realizar una monitorización de la temperatura del paciente para prevenir quemaduras, se pueden realizar procedimientos mínimamente invasivos como introducción de catéteres o biopsias y es compatible con rayos X (arco en C). Además de estas ventajas, según el equipo que se utilice, se puede contar con varios accesorios: antenas flexibles en diferentes tallajes, sistemas de sujeción del paciente, dispositivos de inclinación de la cabeza (muy útil en cirugías), etc. Existen equipos en funcionamiento en España, Francia, Bélgica, Alemania, Canadá, Estados Unidos, etc.

Algunas de las aplicaciones más destacadas son: la ablación térmica guiada por RM, termometría por RM, realización de biopsias, AngioRM intervencionista y neurocirugía guiada por RM.

Ablación Térmica Guiada por Resonancia Magnética

Las ablaciones térmicas representan, cada vez más, una alternativa mínimamente invasiva a la cirugía abierta para una gran variedad de aplicaciones oncológicas. La distribución espacial y características temporales de la evolución térmica de la lesión pueden ser monitorizadas en tiempo real mediante imágenes y termometría de RM.

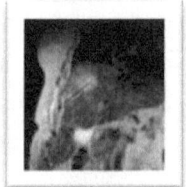

Termometría por RM

Esta aplicación nos da la posibilidad de controlar mediante imágenes, el calor que recibe el paciente con los pulsos de radiofrecuencia, y de esa forma evitar posibles quemaduras.

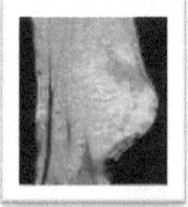

Biopsias guiadas por RM

La localización exacta de donde realizar una biopsia incluyendo la planificación de la ruta de acceso y un control monitorizado, es esencial para un diagnóstico preciso, evitando complicaciones y minimizando la necesidad de repetir las biopsias. Gracias a su realización con la ayuda de la RM, podemos realizar biopsias con todos estos beneficios.

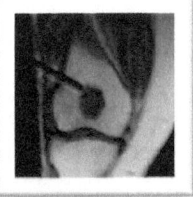

Biopsias cerebrales de manera convencional Vs guiadas por RM

Reducción de tiempo de hospitalización*	50% – 100%
Aumento de eficacia	100%

Angio-RM intervencionista

Pueden utilizarse catéteres especializados y guías de alambre junto con protocolos especializados para las intervenciones en el sistema vascular, así como para las intervenciones en otras estructuras tubulares, como los conductos biliares.

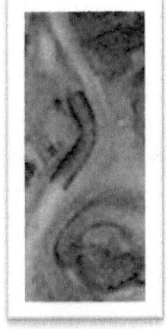

Podemos utilizar esta aplicación, por ejemplo para la colocación de stents en las lesiones estenóticas, utilizando antenas activas incorporadas en los catéteres y guías de alambre, pudiendo obtener imágenes de alta resolución intravascular; además, con determinadas máquinas podemos realizar un seguimiento con microbobinas de la angiografía por RM.

Neurocirugía guiada por RM

Esta técnica supone un alto costo en la instalación: se requieren dos salas con todo el equipo necesario, y para dos usos diferentes; pero este gasto está justificado.

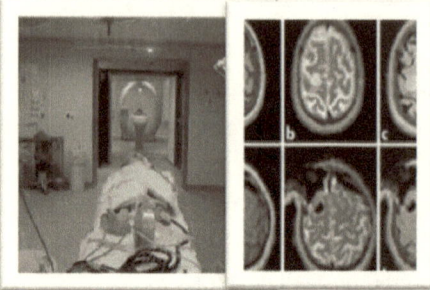

Actualmente se dispone de muchos accesorios y funciones de los equipos que permiten realizar de una forma más precisa las intervenciones como pueden ser: mesas multifunción, sistemas de navegación, sistemas de fijación de las antenas, etc.

Es posible la resección total de un tumor y la precisa protección de los tejidos circundantes sanos, fundamentales para los resultados del paciente a largo plazo en neurocirugía. La resonancia magnética, con su excelente contraste de tejidos blandos, es la modalidad de imagen ideal para guiar los procedimientos neuroquirúrgicos.

La tabla gira hasta 180 grados para permitir que la cabeza del paciente esté colocada fuera de la línea de 5 Gauss donde el procedimiento se puede realizar con los instrumentos normales y sin cambiar la rutina quirúrgica. El diseño giratorio exclusivo facilita el buen funcionamiento de los aparatos de anestesia, independientemente de la posición de la mesa. El tiempo requerido para mover al paciente desde el centro del imán a la posición de trabajo es de menos de 90 segundos.

Resección de tumores de manera convencional Vs guía por RM	
Reducción de tiempo de hospitalización	30% – 70%

Reducción de nuevas resecciones	50% – 100%
Reducción de costs	10% – 40%

Avances de la Resonancia Magnética en Panamá

El Centro Médico Paitilla inició la era de la IRM en Panamá con un PHILLIPS Gyroscan NT de 0.5 T. Hoy día, su última adquisición es un Philips Ingenia 3.0 Tesla, equipo100% digital, el cual produce un campo de 3 Tesla. Este equipo es el primero en instalarse en Centro América.

Desde el 2015, el Hospital Santa Fe cuenta con el Panorama de Imágenes Médicas Resonancia Magnética Abierta de Alto Campo, de 1.0T diseñado para proporcionar la máxima comodidad para el paciente y su acceso. La diferencia es de 160 cm de ancho y 45 cm de altura, con casi 360° acceso. El ángulo de visión panorámica significa que los pacientes pueden ver siempre fuera del imán durante el examen, eliminando claustrofobia. El diseño de vanguardia también permite que el operador tenga fácil y óptimo acceso al paciente.

El escáner dedicado S-Scan de 0,25 T, en el Centro de Resonancia Especializada, representa el último desarrollo de la tecnología en resonancia magnética. Permite estudios de mano, codo, hombro, tobillo, rodilla, columna cervical, lumbar y cadera. Los equipos son totalmente abiertos, lo cual permite que personas que sufren de claustrofobia puedan realizarse estudios con total comodidad. Su campo permite la realización de estudios en pacientes con clavos, placas u otros elementos metálicos, logrando mejor claridad en la imagen. Silencioso, genera imágenes de alta resolución, lo cual permite una visión clara de los órganos, tejidos, músculos y huesos. Los equipos son de fácil instalación y mantenimiento, y consumen menos energía que otros, además de que permiten la realización de estudios clásicos y dinámicos. Estos últimos poseen la ventaja de permitir estudios del paciente en distintas posiciones hasta los 90º, admitiendo un análisis comparativo y más completo del paciente.

Recientemente, durante el mes de septiembre, el Hospital Punta Pacífica instaló un Resonador SIGNA Pioneer de 3.0 T. El mismo cuenta con Silent Suite, que es una aplicación patentada revolucionaria, permite que el sistema reduzca los niveles de dB desde los atronadores 91 dB de una motocicleta a los 3 dB del ruido ambiente de una sala de exploración. El equipo tiene un diseño de 70 cm, el cual supone más espacio y menos incomodidad para el paciente. Mesa más ancha y de mayor facilidad de acceso para el paciente.

Avances de la Resonancia Magnética en el Mundo

La resonancia magnética es la técnica más avanzada y no invasiva que existe actualmente para la generación de imágenes médicas y ha suplantado en muchas situaciones a métodos diagnósticos de menor complejidad como las radiografías simples. Esta técnica es usada por médicos e investigadores en todo el mundo debido a la alta calidad de las imágenes que produce, además de que es capaz de detectar sutiles alteraciones en los tejidos, lo que suelen ocurrir en los estadíos iniciales de algunas enfermedades. Esto permite el diagnóstico temprano de las mismas y aumenta las posibilidades de curación además que mejora el pronóstico a largo plazo.

En la actualidad, el campo magnético homogéneo ha aumentado por encima de los 900 MHZ para protón y el desarrollo de la informática, nos ha permitido utilizar ordenadores de gran capacidad y velocidad en RMN, gracias a esto, la RMN, es una técnica diagnóstica rutinaria en los hospitales de todo el mundo.

El futuro de la RM

Los equipos de RM que utilizan imanes capaces de producir ultra altos campos magnéticos, es decir, por encima de 3 Teslas, se han convertido en los últimos años en una fuente inagotable de descubrimientos para los investigadores, es por esto por lo que el número de estos equipos se ha multiplicado. En el 2009 más de 30 equipos de 7 Tesla estaban ya a pleno funcionamiento entre EE.UU., Europa y Asia; equipos de 9,4 T habían superado ya las pruebas de seguridad en humanos en EE.UU, y estaban comenzando a instalarse en Europa junto con equipos de 11,7 T para su uso experimental con humanos, si bien en el campo de la investigación con animales se habían alcanzado los 16 T y a nivel microscópico se realizaban ya estudios ex-vivo con equipos de hasta 21 T.

El por qué de esta creciente inversión en los equipos de RM de ultra alto campo (Ultra High Field: UHF) hay que buscarlo principalmente en el área clínica, y es que las posibilidades que estos equipos ofrecen a la evolución de la medicina moderna son infinitas.

Es fascinante, por ejemplo, contemplar la resolución espacial que es capaz de conseguir una imagen de RM obtenida con un equipo de 7 T, hasta el punto de dar lugar a nuevos compendios de anatomía con detalles nunca antes descritos, ya que, según afirman los anatomistas involucrados, estas imágenes son capaces de hacer visibles estructuras que ni siquiera pueden apreciarse por medio de la disección, y además nos permiten hacerlo de forma no invasiva.

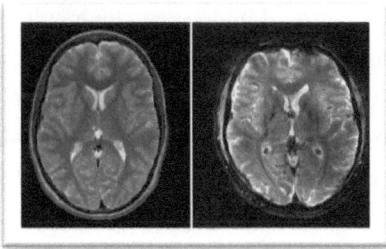

T2 axial cerebro humano. 3Tesla – T2 axial cerebro humano. 7 Tesla

A las ya conocidas ventajas de la RM sobre otras técnicas de diagnóstico por imagen (mayor caracterización tisular, no uso de radiaciones ionizantes ni de contraste yodados, técnica no invasiva, etc.) hay que sumarle las ventajas que añade el UHF. La primera y principal, ya la hemos comentado: una mayor resolución espacial, la cual se obtiene, además, en un tiempo record, ya que al aumentar el campo magnético mejoramos la relación señal-ruido, lo que permite reducir los tiempos de adquisición. Por otra parte, es tal la nitidez de la imagen para estructuras incluso de muy pequeño tamaño, que reduce la necesidad de utilizar contrastes.

Como resultado de estos avances, los científicos están trabajando para detectar y monitorizar patologías en estadíos más tempranos, y diseñar tratamientos personalizados más eficaces y menos agresivos, por ejemplo, hasta la fecha cuando a un paciente le diagnosticaban un tumor cancerígeno y le prescribían un tratamiento de radioterapia para destruir el tumor, los médicos tenían que esperar semanas para poder visualizar en imagen si el tamaño del tumor estaba disminuyendo y por tanto el tratamiento estaba siendo eficaz, sin embargo, en el futuro con equipos de UHF, será posible observar la destrucción celular en tiempo real, de manera que el tratamiento del paciente pueda rediseñarse y ajustarse a cada individuo en base a los resultados obtenidos.

Actualmente los principales campos de investigación de la RM de UHF en clínica son la neurología y la cardiología. Sin embargo, como no podía ser de otra manera, los equipos de UHF en RM también presentan sus desventajas, la primera de ellas es el elevado costo económico que implica su instalación y mantenimiento, debido principalmente a las medidas de seguridad que requieren campos magnéticos de tal magnitud, por ejemplo, para albergar un equipo de 7 T (140.000 veces el campo magnético terrestre) es necesario un blindaje de aproximadamente 400 toneladas de acero y un recinto de unos 200 m2 para que el operador del equipo y los pacientes tengan un lugar dónde ubicarse fuera de la línea de 5 gauss; por la misma razón, las medidas de seguridad para evitar accidentes con elementos ferromagnéticos deben ser muy estrictas lo que dificulta la realización de estas pruebas de forma cotidiana.

Por otra parte, es inevitable que al hablar de campos magnéticos de estas magnitudes nos surjan dudas sobre la seguridad de la exposición a radiaciones no ionizantes por parte tanto de los pacientes como de los profesionales que realizan su trabajo en torno a estos equipos. Lo cierto es que la experiencia con la que contamos para valorar las consecuencias de la exposición a estos campos magnéticos en el ser humano, es de apenas unos lustros, lo cual hace que los resultados de los estudios llevados a cabo en este campo sean relativos y no del todo definitivos y, si bien no existe ningún estudio que apunte en sus conclusiones a que la exposición a radiaciones no ionizantes pueda dar lugar a daños para la salud del ser humano, también parece pronto para afirmar de manera rotunda que esta exposición es totalmente inocua.

Si nos atenemos a la legislación aplicable en estos momentos la cuestión tampoco parece aclararse, ya que siguiendo las recomendaciones de la Comisión Internacional de Protección contra Radiaciones No Ionizantes (ICNIRP), en el año 2004, en Europa se publicó la Directiva 2004/40 en la que se establecían límites de exposición que restringían tanto los niveles a los que se podría trabajar, que dificultaba el uso de equipos de RM de alto campo y destruía el futuro de los equipos de UHF; si bien al constatarse cuales podrían ser las consecuencias de la aplicación de esta norma y, a la vista de que no hay estudios concluyentes sobre las consecuencias para la salud, se decide aplazar la implementación de la misma hasta abril de 2012, a la espera de nuevos estudios sobre el tema y en aras de lograr una norma que asegure la protección de la salud sin acabar con las aplicaciones beneficiosas que existen a día de hoy en el campo médico y las que en el futuro podrían descubrirse.

Podríamos decir, como conclusión, que si bien la RM de UHF presenta un gran futuro en el campo de la investigación médica dadas sus numerosísimas aplicaciones, muchas aún por descubrir, su aplicación rutinaria en clínica aún debe superar grandes limitaciones, por lo que solamente el tiempo nos dirá lo que el futuro le depara.

Investigaciones en curso

Veamos ahora algunas de las investigaciones que al día de hoy se desarrollan en relación con la RM:

- **Neurotransmisor Dopamina:**

Sensor de R.M capaz de responder a unas sustancias químicas que detecta el neurotransmisor conocido como dopamina. Se ha diseñado una sonda molecular artificial capaz de cambiar las propiedades magnéticas en respuesta al neurotransmisor de dopamina. Conecta los fenómenos moleculares en el sistema nervioso con técnicas de imagen del cerebro. Permite explorar procesos muy precisos y relacionados con el funcionamiento general del cerebro y del organismo.

- **Placas de ateroma:**

Las técnicas actuales evalúan si el paciente tiene placas o no, pero no cuales son las que tienen más riesgo de provocar rupturas en el vaso. Las técnicas que se están desarrollando en torno a la RM van a ayudar a identificar ese riesgo. Calcula la tensión: deformación de la pared del vaso por la placa.

Obteniendo: Valores tensión pared placa y Tensión cortante de flujo (2 análisis independientes). Ofrece un análisis mecánico completo.

Pretende ofrecer información, cuantificar, demostrar el valor predictivo para eventos isquémicos futuros.

- **RM-DX miniatura:**

Consiste en un microchip de R.M que contiene: microbobinas, un pequeño imán portátil y una red de microfluidos para el manejo de muestras y electrónica. Se está utilizando para llevar a cabo el estudio de la tuberculosis en países del tercer mundo que necesitan un método de DX económico y sensitivo.

- **PET-RM:**

Ya existen equipos en funcionamiento como el de Ginebra, en el que se están llevando a cabo estudios en oncología y el de Nueva York en el que se realizan investigaciones en cardiología. R.M: Se encarga de obtener la imagen anatomía en sus múltiples modalidades. PET: Su función es evaluar la funcionalidad de diferentes procesos orgánicos. Es una alternativa menos radiante, especialmente eficaz en la caracterización de órganos blandos. Los dos dispositivos están separados por tres metros, y es la camilla con el paciente inmovilizado la que se desplaza de un equipo a otro, permitiendo la misma localización en ambas pruebas.

- **Autopsias**

También se están haciendo investigaciones en el campo de las autopsias virtuales con R.M. Esta técnica permite hacer un mapa de lesiones del cadáver de manera no invasiva, aunque actualmente sigue siendo un método complementario a la autopsia clásica, combinando la información interna-externa.

- **Imágenes Superfrías:**

Los estudios se centran en los tumores agresivos, que producen altos niveles de lactato (observaron que tras la absorción del piruvato se convierte en lactato, muestra una conversión metabólica). La investigación está dirigida a la estadificación de tumores de próstata, con reducción del tiempo de exploración, del coste de las pruebas y en consecuencia reducción del estrés de los pacientes.

Sin duda, investigadores, médicos, técnicos, casas comerciales y estados de todo el mundo deberán hacer confluir sus opiniones sobre el uso de equipos de RM en clínica para permitir que la evolución de esta técnica depare todavía enormes avances en el campo de la salud.

Beneficios Para las Especialidades

Los estudios neurorradiológicos encabezan la lista del mayor porcentaje de pacientes que utilizan las salas de Resonancia. Son exploraciones dirigidas a la patología del Sistema Nervioso central y de la columna, principalmente. Le siguen en frecuencia de uso los estudios musculo-esqueléticos, ya que la resonancia permite valorar con gran nitidez, superior a la de cualquier otra técnica, la musculatura, articulaciones y tendones. Existe además una serie de especialidades para las que la utiliza ción de la Resonancia Magnética va en clara línea ascendente, éste es el caso del estudio del abdomen, corazón, mama, pelvis y los órganos que allí se alojan, como son la próstata en el caso de los varones y el aparato genital femenino, en el de las mujeres. Además, el equipo de 3 Teslas ofrece también la posibilidad de practicar angiografías por resonancia, consistentes en apreciar las estructuras vasculares, aportando unas imágenes semejantes a las que pueden ofrecer otras técnicas, como por ejemplo, la Tomografía Computarizada (TC) o la propia angiografía convencional. La mayor potencia del campo magnético permite, asimismo, optimizar técnicas muy especiales como pueden ser las de difusión (utilizadas para el estudio del cerebro, fundamentalmente), las de perfusión (riego sanguíneo) y la resonancia magnética funcional.

TOMOGRAFÍA POR EMISIÓN DE POSITRONES-TOMOGRAFÍA COMPUTARIZADA (PET-CT)

La Tomografía por Emisión de Positrones – Tomografía Computarizada (PET-CT), es un diagnóstico por imágenes de medicina nuclear en el cual se utilizan cantidades muy pequeñas de material radioactivo para diagnosticar y determinar la gravedad, o para tratar, una variedad de enfermedades (varios tipos de cánceres, enfermedades cardíacas, gastrointestinales, endocrinas, desórdenes neurológicos, y otras anomalías dentro del cuerpo).

El PET-CT nos permite evaluar y medir correctamente funciones corporales de relevancia:
- el flujo sanguíneo
- el uso de oxígeno
- el metabolismo del azúcar (glucosa)

Los usos comunes del PET-CT

- Detectar cáncer.
- Determinar si un cáncer se ha diseminado en el cuerpo.
- Evaluar la eficacia de un plan de tratamiento.
- Determinar el retorno de un cáncer tras el tratamiento.
- Determinar el flujo sanguíneo hacia el músculo cardíaco.
- Determinar los efectos de un ataque cardíaco, o infarto del miocardio, en áreas del corazón.
- Identificar áreas del músculo cardíaco que se beneficiarían mediante un procedimiento tal como angioplastia o cirugía de bypass coronario (en combinación con un estudio de perfusión miocárdica).

- Evaluar anomalías cerebrales, tales como tumores, desórdenes de la memoria convulsiones y otros desórdenes del sistema nervioso central.
- Esquematizar el cerebro humano normal y la función cardíaca.

Equipos

La imagen se obtiene gracias a que los tomógrafos son capaces de detectar los fotones gamma emitidos por el paciente. Estos fotones gamma de 511keV son el producto de una aniquilación entre un positrón, emitido por el radiofármaco, y un electrón cortical del cuerpo del paciente. Esta

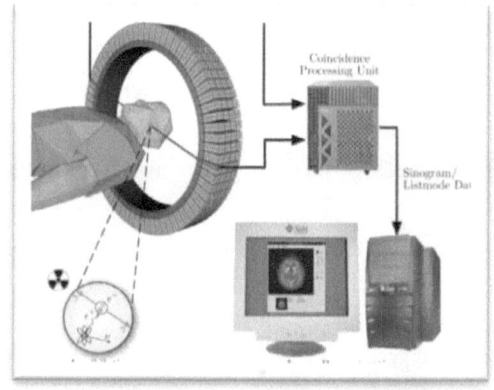

aniquilación da lugar a la emisión, fundamentalmente, de dos fotones. Para que estos fotones acaben por conformar la imagen deben detectarse "en coincidencia", es decir, al mismo tiempo; en una ventana de tiempo adecuada (nanosegundos) y deben provenir de la misma dirección y sentidos opuestos, pero además su energía debe superar un umbral mínimo que certifique que no ha sufrido dispersiones energéticas de importancia en su trayecto (fenómeno de scatter) hasta los detectores. Los detectores de un tomógrafo PET están dispuestos en anillo alrededor del paciente, y gracias a que detectan en coincidencia a los fotones generados en cada aniquilación conformarán la imagen. Para la obtención de la imagen estos fotones detectados son convertidos en señales eléctricas. Esta información posteriormente se somete a procesos de filtrado y reconstrucción, gracias a los cuales se obtiene la imagen.

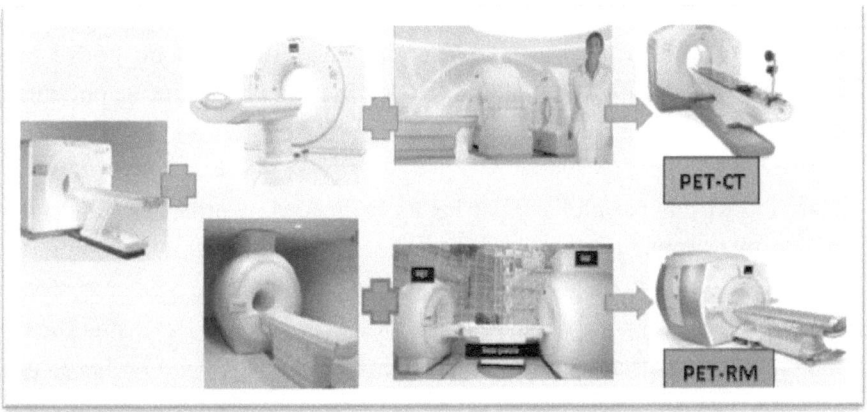

Gracias a los avances de la tecnología, y las grandes ventajas que se han descubierto en la utilización de imágenes comparativas para un diagnóstico más preciso, las grandes compañías fabricantes de equipos médicos han desarrollado híbridos y posteriormente equipos duales al igual que software que facilitan y agilizan el diagnóstico de los pacientes. Tal es el caso de los equipos PET-CT y PET-RM.

Trazadores

Existen varios radiofármacos emisores de positrones de utilidad médica. El más importante de ellos es el Fluor, que es capaz de unirse a la 2-O-trifluorometilsulfonil manosa para obtener el trazador Fluorodesoxiglucosa (18FDG). Gracias a lo cual, tendremos la posibilidad de poder identificar, localizar y cuantificar, a través del SUV (Standardized Uptake Value), el consumo de glucosa. Esto resulta un arma de capital importancia al diagnóstico médico, puesto que muestra qué áreas del cuerpo tienen un metabolismo glucídico elevado, que es una característica primordial de los tejidos neoplásicos. La utilización de la 18FDG por los procesos oncológicos se basa en que en el interior de las células tumorales se produce, sobre todo, un metabolismo fundamentalmente anaerobio que incrementa la expresión de las moléculas transportadoras de glucosa (de la GLUT-1 a la GLUT-9), el aumento de la isoenzima de la hexokinasa y la disminución de la glucosa-6-

fosfotasa. La 18FDG sí es captada por las células pero al no poder ser metabolizada, sufre un atrapamiento metabólico" gracias al cual se obtienen las imágenes.

Así, la PET nos permite estimar los focos de crecimiento celular anormal en todo el organismo, en un solo estudio, por ser un estudio de cuerpo entero, por lo tanto nos permitirá conocer la extensión. Pero además sirve, entre otras cosas, para evaluar en estudios de control la respuesta al tratamiento, al comparar el comportamiento del metabolismo en las zonas de interés entre los dos estudios.

Actualidad del PET-CT en Panamá y el Mundo

Desde los años '90, iniciaron los estudios y pruebas del PET-CT para su uso clínico en países de Europa; sin embargo, no ha sido sino hasta inicios de este siglo que este estudio ha dado sus verdaderos frutos para muchos especialistas y, por ende, muchas personas alrededor del mundo que han encontrado en el PET una herramienta eficaz para combatir sus enfermedades de una forma más inmediata y precisa.

Equipos PET-CT muestran una gran ventaja sobre los equipos sólo PET, al poder definir la localización anatómica exacta de un foco de alta actividad metabólica, lo cual no es posible en el detalle anatómico, sólo con estos últimos, y mas aún, disminuye la tasa de falsos positivos o negativos, en un 10 a 15% de los casos, al poder identificar estructuras que habitualmente y en forma normal pueden acumular Fluor-18 FDG. o identificar pequeñas lesiones sospechosas, que captarán tenuemente.

Fluor-18 es actualmente el emisor de positrones (511 KeV) más usado en todo los centros a nivel mundial, que cuentan con equipos PET. Este se une a Desoxiglucosa, formando Flúor-18 Flúordeoxiglucosa (F-18 FDG).

Los estudios con positrones se han desarrollado especialmente en el ámbito de la Oncología, Cardiología y Neurología. Actualmente se evalúa su uso mas frecuente en Infecciones, evaluación en Terapia Génica o pacientes de alto riesgo Oncológico. Por ser una técnica de reciente desarrollo, aún no se llegado a definir su total potencial en todos los campos clínicos, aunque si desde el año 1998 ha sido aprobado, progresivamente, en diferentes condiciones clínicas, para reembolso en el Sistema de Salud Americano, especialmente en el ámbito de la Oncología y Cardiología, siendo la primera de ellas la evaluación de Nódulo Pulmonar solitario y para la etapificación inicial de Ca. Pulmonar de células no pequeñas. Actualmente su reembolso ha sido aprobado para más de 20 condiciones clínicas.

Está más que demostrado la utilidad, costo/beneficio de los estudios de PET, que si bien constituye un examen de costo alto significará a fin de cuentas, un ahorro real para el paciente al evitar exámenes y otros procedimientos innecesarios, al contar con esta tecnología.

Se ha demostrado que emplear PET significa ahorros, al evitarse otros estudios complementarios, evitar cirugías y hospitalizaciones innecesarias u optimizar terapias, sin considerar el mejor pronóstico y calidad de vida para los pacientes.

En el año 2013, los neurocirujanos Walter Kravcio y Rodolfo Alcedo, encontraron la posibilidad de traer a Panamá el primer equipo PET-CT del país, ubicado en el Centro de Tratamiento Novalis, en el Hospital Punta Pacifica, aprovechando la instalación del primer Ciclotrón de Panamá en la Radiofarmacia de Centroamérica – RFCA, ubicada en la Ciudad del Saber.

Este paso ha representado un gran avance en la medicina de nuestro país, debido a las nuevas y mejores opciones de tratamiento, especialmente para los pacientes oncológicos, cuyos médicos ven en el uso del PET-CT una herramienta que les permite optimizar sus opciones de tratamiento a sus pacientes.

Posteriormente, en el año 2015, el Hospital Nacional instaló el segundo equipo PET-CT de todo el país.

Actualmente solo existen estos dos equipos a disposición de la población panameña; sin embargo, se espera que pronto se instale en el sector público un equipo PET-CT para el aprovechamiento de la población que se encuentra limitada a pagar los altos costos del estudio.

El futuro del PET (PET-CT, PET-RM, Mamo-PET)

La 18FDG es el trazador utilizado mayormente en los estudios PET, es decir, es el caballo de batalla en estos estudios; de hecho, en Panamá únicamente es utilizado este trazador ya que la Radiofarmacia de Centroamérica (RFCA), que es donde se encuentra el único ciclotrón del país, sólo nos ofrece este trazador, considerando que apenas tiene 2 años y medio en función, esperando que en los próximos años podamos contar con más y mejores opciones de acuerdo al diagnóstico de los pacientes en estudio.

Una de las mayores limitantes para poder contar con otros trazadores, es el tema de los costos, los cuales son muy elevados. De hecho, se requiere de inversiones millonarias para poder contar con Ciclotrones, que son los equipos necesarios para la producción de los radiofármacos. Lo óptimo sería que cada centro que realiza estudios PET, tuviese a su alcance un ciclotrón.

Los equipos y los softwares utilizados en todas y cada una de las modalidades cambian de forma inmediata a medida que son utilizados por los especialistas, de acuerdo a las necesidades que van surgiendo sobre la marcha; de allí que, hablar del futuro de una modalidad como ésta, es básicamente hablar del futuro de la utilización de trazadores. Existen países que ya están utilizando trazadores como: Floruro de Sodio, Acetato y Colina marcados con Carbono 11, PSMA marcado con Galio 68, entre otros; los cuales son de suma utilidad en el diagnóstico y estatificación de pacientes con enfermedades como: Cáncer de próstata, tiroides y enfermedades neuroendocrinas, en las cuales ya se ha demostrado que la 18FDG resulta de poca utilidad para un estudio óptimo.

En el caso de los pacientes con cáncer de próstata, por ejemplo, se ha demostrado recientemente la efectividad de la Membrana del Antígeno Prostático Específico, como biomarcador o trazador marcado con Galio 68 (68Ga-PSMA), por encima, obviamente, del 18FDG y de la Gamagrafía o gamagrama óseo, que prácticamente está quedando como un estudio obsoleto a medida que se logran mayores y mejores descubrimientos y del Acetato marcado con Carbono 11 (11C-Acetato) y el Colina marcado con Carbono 11 y Flúor 18 (11C-Colina, 18F-Colina), que hasta hace poco eran considerados los más efectivos en el diagnóstico y estadificación mediante estudios PET en el cáncer de próstata.

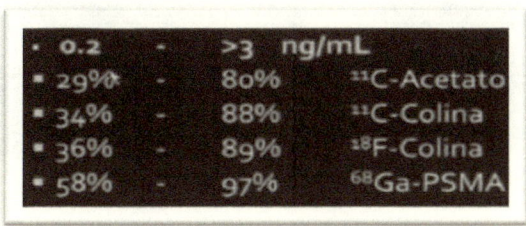

Igualmente, en los tumores neuroendocrinos, se utiliza desde el 2009 en países como Chile, Alemania, Méjico, entre otros, el 68Ga-DOTATATE.

Para el cáncer de tiroides, el I-124 ha venido a reemplazar al I-131, brindando una mayor y mejor especificidad, tanto para el diagnóstico, como para el tratamiento.

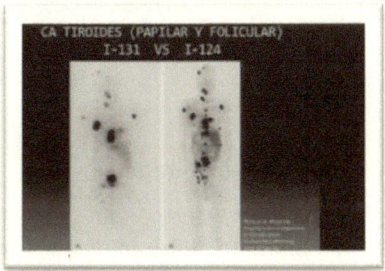

En el caso del cáncer de mama, los investigadores han descubierto que efectivamente la PET-CT en pacientes con carcinoma ductal invasivo es de mayor utilidad para la detección de metástasis a distancia.

A nivel mundial, nos encontramos en una etapa de comparación de estudios y modalidades para poder definir finalmente qué modalidad y fármacos son los más indicados para cada paciente de acuerdo a su diagnóstico e incluso estadío de la enfermedad.

Así tenemos casos en los cuales se ha demostrado que un PET-CT resulta más efectivo y determinante que una PET-RM para detectar pequeñas lesiones pulmonares.

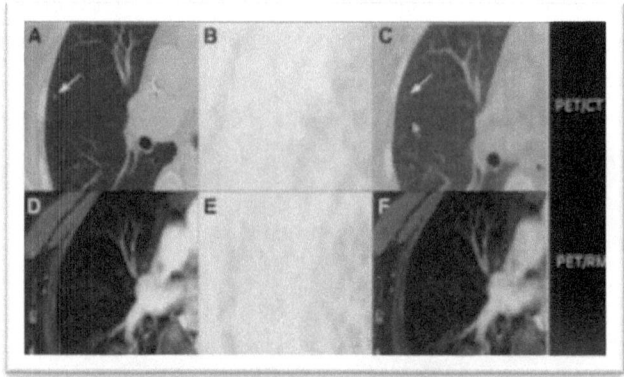

Se ha demostrado, mediante estudios comparativos, que el Floruro de Sodio marcado con Flúor 18 (18F-NaF) resulta mucho más sensible y específico para lesiones óseas que un gammagrama óseo e incluso un estudio con 18FDG. Igualmente, que para lesiones extraesqueléticas o en tejidos blandos, un estudio PET-RM ó PET-CT con 18FDG resultan más sensibles y específicos, superando levemente la PET-RM en cuanto a especificidad.

PET-CT en Radioterapia

Finalmente, reiteramos que las exploraciones de PET-CT, PET-RM, Mamo-PET proporcionan:
- Visión global y perfecta de la posición anatómica de la actividad metabólica de las lesiones dentro del cuerpo a estudiar o tratar.

- Diagnósticos más precisos que las exploraciones realizadas por separado.
- Información decisiva para el diseño de los actuales tratamientos de radioterapia y radiocirugía en diversas patologías.

De allí que su utilización en la planificación de tratamientos como la Quimioterapia y Radioterapia es de gran ayuda ya que pasa a ser una herramienta básica para la determinación de volúmenes blancos en los tratamientos de radioterapia en diversas patologías (pulmón, cabeza y cuello, tumores ginecológicos, tumores del sistema nerviosos central, etc.)

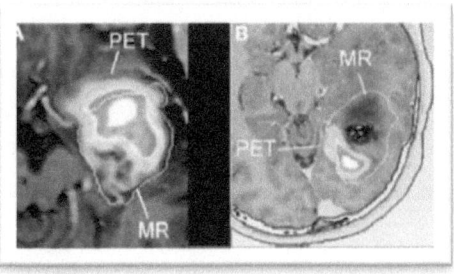

La fusión de las imágenes PET-CT ó PET-RM se realiza de una forma automática por la mayoría de los actuales planificadores.

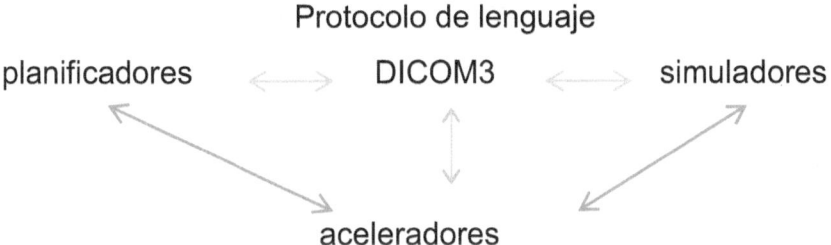

Al tener el PET-TC ó PET-RM un mismo origen DICOM3, la fusión de imágenes lo realizan los planificadores de una forma simple y rápida sin tener que recurrir a puntos anatómicos comunes de las dos exploraciones.

Al final, el resultado gira únicamente en beneficio del paciente, quien recibirá un diagnóstico y tratamiento óptimo y con exactitud.

INFORMACIÓN + HERRAMIENTAS

PLANIFICACIÓN DEL TRATAMIENTO

MEJOR DIAGNÓSTICO Y CLASIFICACIÓN + MAYOR PRESICIÓN Y EXACTITUD+ **SUPERVISIÓN CON SEGURIDAD**

HEMODINAMIA

La hemodinamia es aquella parte de la biofísica que se encarga del estudio de la dinámica de la sangre en el interior de las estructuras sanguíneas como arterias, venas, vénulas, arteriolas y capilares así como también la mecánica del corazón propiamente dicha mediante la introducción de catéteres finos a través de las arterias de la ingle o del brazo; puede ser invasiva (se inyecta un medio de contraste radiológico a través de un catéter alojado en el interior de la arteria o vena y este es guiado por fluoroscopía. Para posteriormente adquirir los resultados de un cateterismo, los cuales son grabados en la memoria del equipo) y no invasiva (Angiografía mediante Tomografía o Resonancia Magnética, se consigue contrastar las arterias mediante la inyección endovenosa de contraste, sin necesidad de colocar catéteres) y las imágenes que se obtienen son detalladas del sistema cardiovascular.

ALLURA XPER FD 20: Es un sistema de Rx para Cirugía Vascular

Ofrece una guía de imágenes en vivo. El detector plano permite capturar información cuatro veces mejor y de alta calidad, con menos de la mitad de dosis de rayos X que requieren los equipos convencionales, esto permite una mejor toma de decisiones.

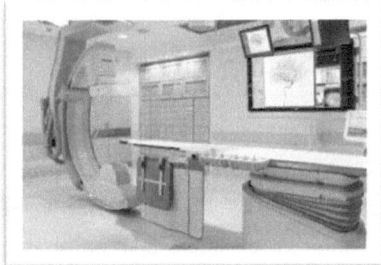

El equipo de angiografía Philips ALLURA XPER FD10, ya lo tenemos en Panamá. El FD10 y FD20 son los tamaños de detectores que existen en el mercado. FD20 los más moderno y completo que existe en el mercado a nivel mundial.

Tener un equipo que una mayor precisión de imágenes y la utilización de un software de reciente desarrollo permite imagen digitalizada en tiempo real con loop (repetición de imagen) que permite análisis precisos en este tipo de procedimientos.

La mayor precisión de las imágenes y la utilización de software de reciente desarrollo permite que una gran cantidad de estudios diagnósticos sobre el corazón y la circulación, y tratamientos de obstrucciones arteriales, aneurismas, enfermedades valvulares, anomalías congénitas del corazón o tumores puedan realizarse desde ahora con mejores resultados y mayor seguridad para los pacientes.

Quirófano Hibrido

Este quirófano híbrido posibilita establecer un diagnóstico y suministrar un tratamiento en forma simultánea durante las intervenciones quirúrgicas.

"Esta combinación abre nuevas posibilidades terapéuticas y opciones de tratamiento.

Nos permite la opción inmediata de un procedimiento mínimamente invasivo a una cirugía abierta si es necesario, porque cuenta con un sistema de rayos X de alta gama, que puede realizar angiografías. Éstas se pueden fusionar con otras imágenes preoperatorias, por ejemplo de una Tomografía o de una Resonancia Magnética. Se espera Las salas de operaciones híbridas se convertirán en el estándar, especialmente en el campo de la cirugía vascular, que es la que actualmente utiliza más este tipo de quirófano.

Sistemas Móviles en el Techo o Montado en el Piso

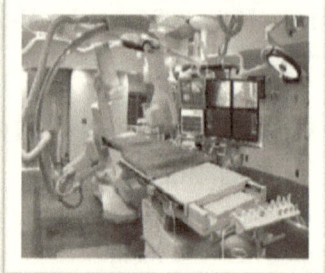

La principal ventaja de los sistemas móviles es que no están limitados a una sala de cirugía y pueden ser utilizados en forma flexible dependiendo de la necesidad.

Las desventajas de estos sistemas móviles es la calidad más baja de la imagen debida a un menor desempeño del tubo y a una baja frecuencia de actualización y el sobrecalentamiento durante los procedimientos más prolongados.

Los sistemas alcanzan rápidamente su máxima capacidad durante las cirugías complejas, sobre todo con los pacientes obesos. Una limitación importante, especialmente en el caso de las intervenciones endovasculares, en las cuales el vaso más diminuto debe ser visualizado. En general, existen sistemas de angiografía móviles e instalados permanentemente. Sin embargo, existen diferentes versiones de sistemas instalados permanentemente para los quirófanos híbridos: montados en el piso, montados en el techo con sistema de rieles estándar o extra-ancho, de angiografía instalados sobre una plataforma móvil, biplano que permiten generar simultáneamente imágenes en dos planos, así como robots de angiografía montados en el piso.

Otro aspecto es la protección contra la radiación. Un sistema de angiografía fijo proporciona una calidad de imagen de un nivel superior a la de un arco en C móvil pero paralelamente también podría dar lugar a una mayor exposición a los rayos X. Este es un problema para el personal que está expuesto diariamente a los rayos X.

El futuro de las salas de operaciones híbridas

El futuro le pertenece a la cirugía mínimamente invasiva y por lo tanto, también a la imagenología intraoperatoria, así como a las salas de operaciones híbridas. Otras subdisciplinas como neurocirugía, traumatología y ortopedia también pueden beneficiarse de las imágenes en 3D y de la calidad de imagen superior de un sistema de angiografía.

El desarrollo tecnológico se aproxima cada vez más al área de la correlación de imágenes. Los datos de diversas modalidades tales como ultrasonido, rayos X y RM se fusionan y se complementan uno a otro, reduciendo así la exposición a los rayos X y utilizando cantidades mínimas de medio de contraste. La integración de los sistemas de la sala de cirugía con los diferentes dispositivos también desempeñará un papel cada vez mayor en el futuro y representará un desafío para los fabricantes y los usuarios.

MEDIOS DE CONTRASTE

Check-Cap

Este novedoso dispositivo ha sido desarrollado para ser ingerido y emitir

rayos X de bajas dosis a medida que recorre el colon. Este sistema no detiene las actividades normales del paciente, pero debe ingerir pequeñas cantidades de un agente de contraste estándar con las comidas.

A medida que recorre el tracto gastrointestinal emite dosis periódicas de radiación equivalente a una radiografía de tórax promedio con el objetivo de mostrar el interior del intestino para detectar cáncer colonrrectal. La información es recopilada en otro dispositivo colocado en la espalda del paciente a través de tecnologías inalámbricas.

Posee angulares de 360° que "ven" a través de las asas intestinales y crean imágenes 2D y 3D, así el médico podrá examinar las imágenes y determinar la necesidad o no de una colonoscopia.

Esta cápsula, Check-Cap, está siendo desarrollada en Israel por Isfiva y aún no ha sido aprobada su utilización en ninguna jurisdicción.

Al no necesitar preparación por parte del paciente y ser no invasiva, facilita la vida del paciente con necesidad real de detección de cáncer de colón. La colonoscopia es un procedimiento que requiere preparación previa, sedación, malestar general y riesgos potenciales y por todos estos motivos muchos pacientes pueden estar renuentes a someterse a la misma.

El Check-Cap fue diseñado pensando en la población que no se desea someter a un proceso de cribado, el cual es de vital importancia para la detección de cáncer colonrrectal y pólipos precancerosos.

Medios de Contraste con Nanopartículas

- PoP y Núcleo Ascendente.

Al combinar una cobertura de porfirinas y fosfolípidos (PoP) con un núcleo de conversión

ascendente, Investigadores de la Universidad de Buffalo, EUA, ha creado una nanopartícula que es compatible con fluorescencia, técnicas de imagen fotoacústica y también atrae el cobre utilizado en PET y en imagenología de Cherencov, así que gracias a estas características puede ser detectada por 6 técnicas de imagenología, lo que permite su utilización en sistemas de imagenología hipermodales. En el futuro se podrían usar moléculas a la cobertura de PoP que se adhieran a las células cancerígenas y detectar posibles tumores. Este medio de contraste fue aprobado exitosamente para estudiar nódulos linfáticos en ratones.

- **Nanozumo**

Aunque existen modalidades que nos permiten evaluar el intestino delgado, por su difícil localización, entre el estómago y el intestino grueso, hay detalles que las técnicas existen aún no pueden mostrar. Este nanozumo, desarrollado en la Universidad de Buffalo, EUA; el cual nos muestra con mayor detalle el interior del intestino, ya que al llegar al mismo son "sacudidos" con una luz láser inofensiva, las imágenes recopiladas son inigualables y lo mejor de todo es que es en tiempo real y no invasiva.

Este nanozumo debe ser bebido y puede ayudar a los médicos a entender mejor las enfermedades gastrointestinales y de este modo, brindarles un mejor diagnóstico y posterior tratamiento.

Se podrán comprender mejor, enfermedades tales como: Enfermedad de Crohn, síndrome de intestino irritable, enfermedad celiaca y otras tantas enfermedades gastrointestinales. Ya que es en este órgano tiene aproximadamente 7 metros de largo y es donde se la mayor parte de la digestión y absorción de los alimentos se llena a cabo.

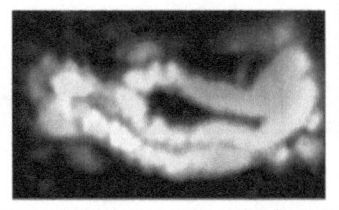

Las técnicas imagenológicas actuales utilizan medio de contraste de bario para tratar de observar el interior del tracto gastrintestinal, pero estas técnicas tienen limitaciones de seguridad, accesibilidad y falta de contraste, de modo que no pueden mostrar los movimientos peristálticos propios de los músculos intestinales para movilizar los alimentos a través de él.

La alteración en estos movimientos podría estar relacionado a los efectos secundarios de trastornos de la tiroides, de la diabetes, de la enfermedad de Parkinson y de las otras enfermedades mencionadas anteriormente.

Este equipo trabajó con naftalocianinas, las cuales pertenecen a una tipo de colorantes, que a pesar de que absorben grandes porciones de luz en el espectro infrarrojo cercano, ideal para agentes biológicos; son inadecuadas para el ser humano, ya que no se dispersan por líquidos y pueden ser absorbidos por el intestino delgado y de este modo llegar al torrente sanguíneo. Esto fue solucionado mediante la creación de las "Nanonaps", Nanopartículas que tienen las propiedades de este colorante, pero que al contrario de él, si se desplazan por líquido y se mueven de forma segura por el intestino. Esto fue realizado con tomografía fotoacústica.

Por ahora esta técnica está siendo perfeccionada mediante la utilización de ratones, para después hacer ensayos en seres humanos y usarla para otras áreas del tracto gastrointestinal. (PAT, por sus siglas en inglés), que activa pulsos láser, para generar ondas de presión. Al ser medidas, proporcionaron una visión a tiempo real y con más matices del intestino delgado.

- **Nanopartículas de Hierro.**

Esta técnica donde un novedoso medio de contraste se combina con una modalidad de la Resonancia Magnética, ha sido desarrollada en la Universidad de Stanford y el Hospital Infantil Lucile Packard, EUA, lo mejor de este nuevo método es la ausencia de radiación, lo que reduce a futuro el riesgo de desarrollar otros cánceres.

El medio de contraste está formado por partículas de hierro y está siendo utilizado en la detección de tumores, mediante una variación de resonancia magnética, la cual no utiliza radiación, pero que es tan eficaz como la tomografía por emisión de positrones (PET) y la tomografía computarizada. Estas últimas, al utilizar grandes de dosis de radiación, son de gran riesgo para los pacientes infantiles y adolescentes, debido a que están en etapa de desarrollo.

El PET nos brinda información esencial para la detección del cáncer en pocos minutos, ya que son imágenes funcionales del área a explorar, pero su mayor inconveniente son las altas dosis de radiación a las que el paciente debe ser sometido y los jóvenes con cáncer requieren exploraciones de 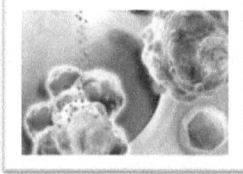 dosis bajas, ya que podrían vivir lo suficiente como para desarrollar un nuevo cáncer.

La Resonancia magnética por su parte, ha presentado diversos impedimentos en el pasado, como el tiempo de duración de un estudio y el hecho de no distinguir entre los tejidos sanos del tejido canceroso. Los medios de contraste tradicionales deben ser inyectados para hacer visibles los tumores, abandonan los tejidos muy rápido, como para ser aprovechados en un estudio a cuerpo entero de resonancia magnética. Las nanopartículas de hierro, que constituyen el medio de contraste, han sido aprobadas por las autoridades norteamericanas para tratar la anemia y por ello los investigadores obtuvieron la aprobación para su uso experimental. Una de las mayores ventajas de este medio de contraste es que permanece en el cuerpo por muchos días, lo que proporciona el tiempo necesario para la realización de un estudio a cuerpo entero. Su composición brinda a los vasos sanguíneos tonalidades brillantes y pueden ser tomados como puntos de referencia anatómica. Otro punto de gran importancia es que hacen que el hígado, la medula ósea sana, los ganglios linfáticos y el bazo tengan una coloración más oscura, destacando de este modo los tumores.

Ya se está en búsqueda de la aprobación para uso clínico de esta técnica, debido a que presenta imágenes comparables con la del PET y PET-CT, gracias que tienen niveles similares de sensibilidad, especificidad y exactitud diagnostica. Un punto a favor es que los pacientes que formaron parte del estudio no presentaron ningún efecto adverso a las nanopartículas de hierro, aunque se había indicado previamente el riesgo de reacción alérgica al recubrimiento que estas poseen.

Este método seria de valiosa ayuda en exploraciones en diversos grupo de pacientes con cáncer y especialmente aquellos que ya han culminado sus tratamientos y requieren hacerse el control posterior.

- Nanopartículas de Oro.

Los tumores cerebrales son especialmente complejos y su remoción lo es aún más, debido a que hay que cuidar de no lastimar al tejido sano. Para esto un grupo de investigadores de la Universidad de Stanford, EUA; ha desarrollado nanopartículas de oro creadas en el laboratorio, que han sido recubiertas con contraste, estas partículas miden menos de cinco millonésimas de pulgada de diámetro, por lo que pueden ser inyectadas al torrente sanguíneo y de esta forma adherirse al todo tejido tumoral sirviendo de señal a la hora de la remoción del mismo.

Al adherirse al tejido maligno, es posible ver las nanopartículas mediante la utilización de tres métodos de imágenes, lo que proporciona al médico un mayor detalle en tan delicada tarea.

La primera técnica, es a través de resonancia electromagnética, permitiendo ver la ubicación del tumor. La segunda es mediante la imagen fotoacústica, la cual se utiliza pulsos de luz que son absorbidos por las nanopartículas y las calientan, lo que produce ondas de ultrasonido que proyectan una imagen en 3D del tumor.

El tercer método se llama imagen Raman. Las nanopartículas irradian cantidades muy pequeñas de luz en ciertas situaciones. Eso le permite al cirujano distinguir totalmente entre el tumor y el tejido sano.

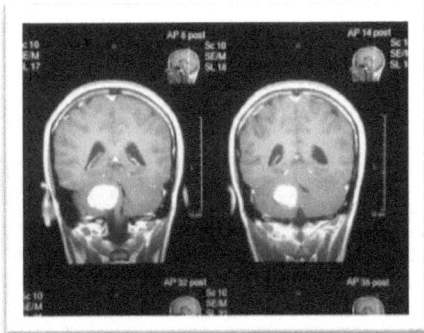

Aunque la utilización del oro en el ámbito médico no es una novedad, pues había sido utilizado por médicos del MIT para llevar medicamentos a sitios específicos del cuerpo. La novedad la representa su utilización en la extracción de tumores cancerígenos. Lo que nos dice que el valor del oro no es solo metálico, sino en el uso y aprovechamiento en la medicina.

REALIDAD AUMENTADA APLICADA A LA RADIOLOGÍA

Lo estático cobra vida

"Lo que parece, no siempre es lo que es y lo que es no siempre es lo que parece; la percepción crea nuestra propia realidad."
—Rob Mc Bride

Actualmente vivimos una época de cambios en el sector sanitario y para poder seguir avanzando es indispensable adaptarse al desarrollo tecnológico. De allí que se hace imprescindible la renovación tecnológica en los hospitales y centros de radiología y el cambio en las mecánicas de trabajo de los profesionales de esta especialidad.

Los más indicados para dar fe de lo ya mencionado, son precisamente los médicos quienes se apoyan en equipos, sistemas de información y herramientas informáticas de todo tipo para la debida toma de decisiones que, en común unión con sus conocimientos especializados y experiencias, permiten salvar o mejorar muchas vidas.

La Realidad Aumentada (RA) es la última innovación que se suma a este cambio tecnológico, la cual consiste en la modificación de un entorno físico existente mediante la combinación de componentes virtuales con elementos reales captados a través de una cámara, creando así una realidad mixta y en tiempo real. La tecnología y la medicina se encuentran estrechamente relacionadas hoy día; de hecho, la electrónica, la informática y sus productos derivados, han permitido que la labor de los profesionales en el campo de la medicina tengan a su haber más y mejores herramientas para sus propósitos fundamentales. Se trata de un nuevo concepto que comenzó a tomar interés, lugar y forma dentro de la medicina; el cual permite formas de visualización inéditas en uso, facilidades y costos, que entregan al profesional y al personal técnico relacionado con el área médica, una nueva y diferente manera de ver las cosas. Los objetos de ambos mundos, real y virtual, son totalmente sintéticos, y su representación alude normalmente a escenarios simulados, desde donde los usuarios de estas tecnologías pueden incorporar nuevos conocimientos vía descubrimiento.

Para su gestión y desarrollo la realidad virtual requiere de interfaces especiales, conocimiento dedicado en herramientas 3D y grandes capacidades de cómputo en los equipos que permiten sustraer al usuario del mundo real.

CONCEPTO DE REALIDAD AUMENTADA

La realidad aumentada, a diferencia de la virtual, combina eficientemente la realidad y la realidad virtual dentro de ambientes mixtos, no requiere de grandes componentes para su representación y uso, y emplea plataformas menos exigentes en desempeño. Para llevarla a efecto se requieren computadores o teléfonos inteligentes convencionales, capacidades de cómputo reducidas y recursos informáticos disponibles en programación que han logrado que los desarrollos ya utilizables permeen muchos espacios donde la visualización es necesaria o conveniente.

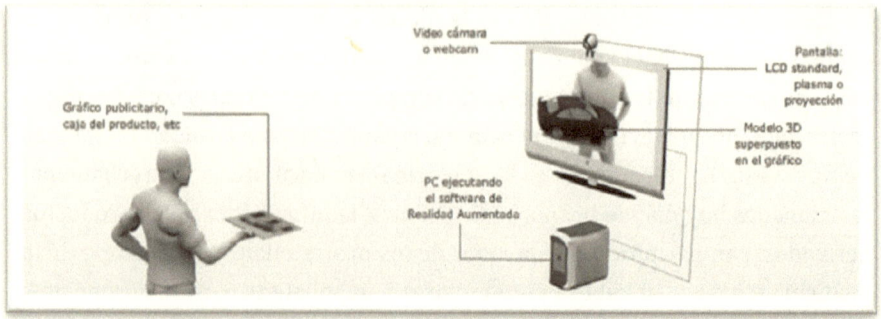

En la actualidad, la realidad aumentada representa una forma reciente de visualización que combina, de manera funcional, la virtualidad con la realidad misma, generando posibilidades nuevas para la interpretación de información antes no disponible, que abren nuevas maneras para aprender y reconocer los datos, procesarlos en información y convertirlos fácilmente en conocimiento. Las diferentes formas para llevar a cabo experiencias en realidad aumentada, se encuentran listas desde diferentes plataformas informáticas y de telecomunicaciones, que facilitan adelantar proyectos en este sentido, de manera rápida y económica. La Medicina, y particularmente la Cardiología, pueden asistirse de este tipo de medios para complementar la información disponible en otros formatos, y pasarlos a la tridimensionalidad, desde donde la interpretación de imágenes sobre objetos 3D está servida para estos propósitos.

La capacidad de enriquecer la visión de la realidad mediante el uso de información digital puede jugar un papel importante en el área de la medicina, siendo un ejemplo claro de cómo las nuevas tecnologías pueden ser útiles para mejorar los servicios que reciben los ciudadanos.

En muchas de las actividades que se realizan en medicina, los profesionales precisan de gran cantidad de información de contexto, como complemento a la visual directa o a la que les suministran cámaras. Así, para un cirujano, es muy importante disponer de tres dimensiones de los órganos y huesos, alrededor de la zona en la que está realizando una intervención, o también información complementaria como datos del paciente. Es ahí en donde entra en juego la realidad aumentada.

En el caso de la medicina, las aplicaciones de AR no se suelen basar en geo-referenciación o en la utilización de código Bidi, sino que utilizan sistemas basados en ondas para obtener información digital.

CLASES DE REALIDAD AUMENTADA Y SUS APLICACIONES

La realidad aumentada funciona de cuatro maneras diferentes, dependiendo de la plataforma desde la que se ejecuta; a saber:

- Realidad aumentada desde teléfonos inteligentes

Para llevar a cabo este tipo de experiencia el usuario debe tener un Smartphone del tipo iPhone, Blackberry, Android, o similares, que tengan cámara digital posterior, al cual se le descarga un programa que permite ejecutar la realidad aumentada. Normalmente se usan en combinación con un posicionador global por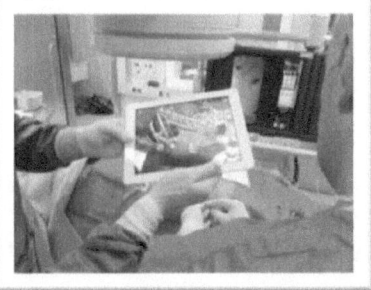
satélite, o GPS, para realizar la geolocalización en tiempo real del aparato, y con ello poder interpretar la posición de la cámara en el momento que ésta es puesta frente al usuario en movimiento. Su funcionamiento se reduce a activar el teléfono y el GPS, cargar el programa residente en su memoria y apuntar la cámara al escenario que se desea complementar. En ese momento, sobre la pantalla del dispositivo, aparecerá el entorno actual con objetos de información asociados al lugar donde se ubica el usuario. Sus aplicaciones van especialmente dirigidas al turismo, como identificador de sitios de

interés, al marketing por proximidad, para temas relacionados con el comercio, o a los juegos, entre otras.

- **Realidad aumentada con gafas especiales:**

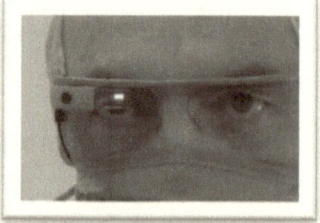

En esta posibilidad el usuario debe tener, como sensor, unas gafas translucidas que van conectadas de manera alámbrica o inalámbrica, a un PC o un teléfono inteligente, desde donde se ejecutará el programa que permite la experiencia. Estas gafas facilitan ambientes muy inmersivos, desde donde la experiencia en realidad aumentada abarcará todo el campo visual del individuo, propiciando así situaciones ricas en experiencias por descubrimiento. Sus aplicaciones están enfocadas a la instrucción y al entrenamiento o la medicina entre muchas otras posibilidades.

- **Realidad aumentada OFF-line desde un PC:**

Este tipo de realidad aumentada se lleva a cabo desde una computadora personal convencional, en asocio con una cámara web de resolución media que sirve de sensor, un programa elaborado para ser ejecutado desde el PC, y un marcador impreso que representa la manera en que el evento es invocado para la visualización sobre la pantalla del computador. Para este propósito no se requiere ningún tipo de conectividad a Internet, y todos los procesos informáticos se llevan a cabo desde y con la computadora únicamente. Para su funcionamiento debe ejecutarse el programa de representación de los modelos virtuales en el PC, activar la cámara web y poner frente a ésta los marcadores que representan la actividad que se quiere visualizar. Estas actividades pueden ser un objeto en 3D, un video, un texto, un sonido, o la combinación de todos.

- Realidad aumentada ON-line desde un PC:

A diferencia de la anterior, se requiere necesariamente una conexión alámbrica o inalámbrica a Internet, desde donde se ejecutan las rutinas del programa que interpreta los modelos virtuales; sólo se necesita el visor para Flash normalmente disponible en las computadoras para la respectiva visualización de este tipo de formatos. La cámara web y los marcadores serán también parte del proceso. Para su funcionamiento sólo debe cargarse desde un navegador, o browser en Internet, una dirección web o URL (Uniform Resource Locator), esperar a que se ejecute el Adobe Flash Player, autorizar su uso desde la caja de diálogo que aparece sobre la pantalla del PC, y poner frente a ella los marcadores suministrados para la experiencia. Las aplicaciones para estas dos últimas plataformas con el PC abarcan prácticamente todas las profesiones y oficios, donde se resaltan especialmente los procesos pedagógicos y educativos, la Medicina misma, la Publicidad, el entretenimiento, etc.

LA REALIDAD AUMENTADA (AR) EN LA MEDICINA

La Realidad Aumentada, es la última innovación que se suma a este cambio tecnológico, la cual consiste en la modificación de un entorno físico existente mediante la combinación de componentes virtuales con elementos reales captados a través de una cámara, creando así una realidad mixta y en tiempo real.

Algunas aplicaciones de la AR en el campo sanitario son:

- Espejo virtual: Un paradigma que empieza a asentarse dentro de las aplicaciones de realidad aumentada en el terreno de la medicina es la idea de espejo virtual. El concepto está basado en los espejos de exploración que utilizan los dentistas que permiten ver desde distintos ángulos un sitio concreto de la boca, algo que con la visión directa sería imposible. Esta idea de "espejo virtual", sería de gran ayuda en numerosos campos de la medicina, como por ejemplo, en la radiología.

- Cirugía menos invasiva: En las operaciones de corazón, la falta de visión del médico dificulta la realización de intervenciones poco invasivas con lo que se incrementan muchos de los peligros para el paciente. En la actualidad, existen prototipos de realidad aumentada mediante MRI (Imágenes de resonancia magnética) o mediante ultrasonidos, que podrían marcar el camino de cómo serán las intervenciones en el futuro en este terreno. Con esta tecnología es posible ganar precisión y seguridad diagnóstica, así como eliminar los tiempos de espera clínica, al conseguir en tiempo real los resultados de la exploración.

- Rehabilitación: La realidad aumentada podría ser utilizada para monitorizar y ayudar en las actividades de rehabilitación, para lo que se están creando ya videojuegos específicos cuyas ventajas son: Alta motivación del paciente respecto a otros sistemas; No es necesaria experiencia previa con videojuegos; Bajo coste de rehabilitación en casa que ayuda a reforzar la terapia tradicional llevada en los centros.

Pese a lo ya existente, las posibilidades para su masificación son tantas como la imaginación nos lo permite, pudiendo ser un complemento idóneo para algunas publicaciones impresas que requieran un grado de visualización especial, como el que presenta el tema relacionado con algunas técnicas para la interpretación de imágenes en Electrofisiología cardiaca, donde tan solo como ejemplo se citan los mapas electro-anatómicos que actualmente se representan en objetos en tres dimensiones, pudiendo ser visualizados y manipulados virtualmente para su debida interpretación desde la realidad aumentada.

LA REALIDAD AUMENTADA APLICADA A LA RADIOLOGÍA

El objetivo principal del uso de la Realidad Aumentada en el sector sanitario de la radiología pasa por poder desarrollar un sistema que sea capaz de visualizar y diagnosticar los posibles problemas internos del paciente, predecir su comportamiento futuro, y definir el tipo de tratamiento necesario.

Así pues, la capacidad de enriquecer la visión de la realidad mediante el uso de información digital juega un papel importante en el sector de la medicina y en las nuevas prácticas de los profesionales.

La tecnología de Realidad Aumentada (en inglés AR o Augmented Reality) tiene actualmente tres capacidades en el entorno Radiológico:

- En Ecografía. La Realidad Aumentada tendrá una especial importancia en la Ecografía, como tercer elemento importante, ya que mediante la conexión instantánea del visor de la pantalla del ecógrafo a una gafas de Realidad Aumentada se podrá ver la imagen debajo de la sonda y justo sobre el cuerpo humano cómo se está produciendo la imagen ecográfica.

- Representación externa de la imagen sobre el cuerpo humano. Siendo guía para procedimientos utilizando usando imágenes previas de estudios radiológicos. En especial en Cirugía.

- Formación. Generar Recursos para el aprendizaje de la anatomía y su correlación en la normalidad y la patología.

VENTAJAS

Algunas de las ventajas del uso de la RA en el campo de la radiología son:

- Con el uso de esta tecnología, los radiólogos ganarán precisión y seguridad diagnóstica, así como poder eliminar los tiempos de espera clínica, al conseguir en tiempo real los resultados de la exploración.

- Permite guiar una intervención quirúrgica, mediante la superposición de imágenes tridimensionales que genera el ordenador con la imagen real del paciente. De esta manera, el cirujano obtiene una visión del campo operatorio mejorada.

- La Realidad Aumentada genera una experiencia formativa segura, fácil de usar y realista, permitiendo reducir los riesgos físicos y mejorando la eficiencia de este proceso formativo.

- Poder eliminar los tiempos de espera clínica, al conseguir en tiempo real los resultados de la exploración.

- La Realidad Aumentada genera una experiencia formativa segura, fácil de usar y realista.

- Permite reducir los riesgos físicos y mejora la eficiencia del procedimiento.

- Capacidad de realidad aumentada en radiología, ha permitido el enlace de modalidades, principalmente, tomografía, radioterapia, ultrasonido, hemodinámica, resonancia magnética.

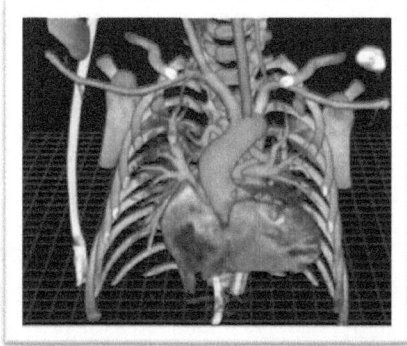

En el ejemplo de la imagen, vemos que el software de una reconstrucción de anatomía para la Formación en Radiología, donde se han segmentado los vasos arteriales de salida desde la Aorta (cayado aórtico) que son tronco braquiocefálico (azul), carótida común izquierda (rojo) y la subclavia izquierda (verde).

Aún se están desarrollando sistemas que perfeccionen la calidad de la imagen, pero no cabe duda de que la Realidad Aumentada es una tecnología de gran impacto y tendencia dentro de la gestión de la imagen.

Esta posibilidad realizada mediante post proceso, se ha llevado a un software que permite su navegación externa en Realidad Aumentada para su análisis anatómico; a partir de este tipo de desarrollos se realizan planeamientos de cirugías.

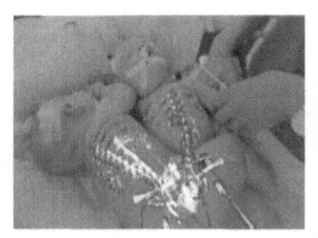

DESVENTAJAS

La otra cara de la moneda son los motivos por los cuales esta tecnología todavía no está integrada en la sanidad:

- El alto costo de la tecnología y los aparatos con los que aplicar la realidad aumentada.

- Necesidad de formación muy específica y técnica en varias tecnologías.

- La amplia variedad de tecnologías a utilizar en función de la especialidad médica.

Podríamos concluir que la capacidad de enriquecer la visión de la realidad mediante el uso de información digital juega un papel importante en el sector de la medicina y en las nuevas prácticas de los profesionales.

La tecnología de Realidad Aumentada ya está presente en disciplinas vinculadas a las ciencias forenses y va a tener una gran incidencia en el sector de la radiología. Sin embargo, quienes deben esforzarse por la puesta en práctica de esta innovación tecnológica enfocada al sector sanitario, son los propios radiólogos.

El objetivo principal del uso de la Realidad Aumentada en el sector sanitario de la radiología pasa por poder desarrollar un sistema que sea capaz de visualizar y diagnosticar los posibles problemas internos del paciente, predecir su comportamiento futuro, y definir el tipo de tratamiento necesario.

IMPORTANCIA DE LA QUÍMICA EN LOS ESTUDIOS PET-CT

La química en radiología

"En la vida no hay cosas que temer, solo hay cosas que comprender."
—Marie Curie

La medicina nuclear es un área especializada de la medicina que utiliza radiaciones nucleares y cantidades muy pequeñas de sustancias radioactivas, para examinar la función y estructura de un órgano, así como también el tratamiento de ciertas patologías. La generación de imágenes en la medicina nuclear es una combinación de muchas disciplinas diferentes, entre ellas la química, la física, las matemáticas, la tecnología informática y la medicina misma.

Existen estudios de medicina nuclear en los cuales se utilizan radiofármacos como trazadores. La rama encargada de la preparación de estos agentes radioactivos se denomina: radiofarmacia.

En radiofarmacia se realizan:

- Estudios de diagnósticos: permiten diferenciar una anatomía anormal de una normal, ya sea mediante técnicas de análisis u obtención de imágenes.

- Procedimientos terapéuticos: los cuales tienen por objetivo destruir las células causantes de la enfermedad por acción de la radiación emitida por un radiofármaco administrado en forma sistemática.

En cuanto a la radiación que recibe el cuerpo es muy baja por ello se consideran que los radiofármacos son totalmente seguros sin causar efectos adversos no esperados.

A continuación, la explicación del uso del FDG, el cual es el radiofármaco utilizado para estudios diagnósticos de PET-CT.

TOMOGRAFÍA POR EMISIÓN DE POSITRONES – PET

¿QUÉ ES LA TOMOGRAFÍA POR EMISIÓN DE POSITRONES?

La Tomografía por Emisión de Positrones (PET: por las siglas en inglés de Positron Emission Tomography), es una técnica de diagnóstico por imagen, en la cual se administra al paciente un trazador llamado radiofármaco que es la unión de un fármaco o de una sustancia fisiológica con farmacocinética y farmacodinamia conocidas con un átomo radiactivo emisor de positrones.

Es capaz de medir la actividad metabólica de los diferentes tejidos del cuerpo humano. Al igual que otras técnicas diagnósticas en Medicina

Nuclear, la PET se basa en detectar y analizar la distribución que adopta en el interior del cuerpo un radioisótopo administrado a través de una inyección intravenosa.

La PET detecta mínimos cambios metabólicos causados por alteraciones en los tejidos, mediante imágenes generadas por la desintegración de los radioisótopos.

Indicaciones del estudio

Los estudios por PET se llevan a cabo con el fin de:

- Detectar cáncer.
- Determinar si un cáncer se ha diseminado en el cuerpo.
- Evaluar la eficacia de un plan de tratamiento, tal como la terapia de cáncer.
- Determinar el retorno de un cáncer tras el tratamiento.
- Determinar el flujo sanguíneo hacia el músculo cardíaco.
- Determinar los efectos de un ataque cardíaco, o en áreas del corazón.
- Identificar áreas del músculo cardíaco que se beneficiarían mediante un procedimiento.
- Evaluar anomalías cerebrales, tales como tumores, desórdenes de la memoria convulsiones y otros desórdenes del sistema central nervioso.
- Esquematizar el cerebro humano normal y la función cardíaca

Preparación del paciente

Se necesita preparar al cuerpo para optimizar la captación del radiofármaco.

- Idealmente el estudio se realiza tres semanas luego del más reciente ciclo de quimioterapia y 6 semanas luego de la última sesión de radioterapia.
- El día antes del estudio el paciente debe llevar una dieta baja en carbohidratos (no consumir dulces, papa, harinas, arroz, yuca, pan, chicles, jarabes para la tos, vitaminas, bebidas azucaradas ni café).
- Puede comer proteína en forma de carne de res, pescado, pollo, las legumbres también son permitidas.
- No debe realizar ningún tipo de esfuerzo físico ni se ejercitarse 24 horas antes del estudio.
- El día del estudio se requiere 6 horas de ayuno para el mismo, excepto en niños menores de 6 años, el ayuno en ese caso será de 3 horas.
- Puede beber agua el día del examen, siempre y cuando no esté saborizada.
- Tomar los medicamentos que siempre toma la mañana de su estudio, excepto metformina, la cual debe suspender 48 horas antes del estudio.
- Vestirse con ropa cómoda sin accesorios metálicos el día del estudio. Acudir al estudio con abrigo ya que en ocasiones la sala del PET-CT se torna muy fría.
- Disponer de al menos 4 horas para la adquisición del estudio PET-CT.
- El día de la cita hablar lo menos posible.
- Se recomienda al paciente que acuda a su cita con algún acompañante.
- Llegar 60 minutos antes de la hora programada para su inyección.
- Los pacientes que estén hospitalizados y estén recibiendo soluciones que contengan dextrosa, deben suspenderlas durante las 6 horas previas al estudio.

Procedimiento

1. Al paciente se le inyecta el radiofármaco FDG vía intravenosa.

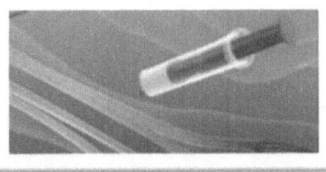

2. Se deja en reposo, ya sea acostado o sentado cómodamente durante 45 a 60 minutos.

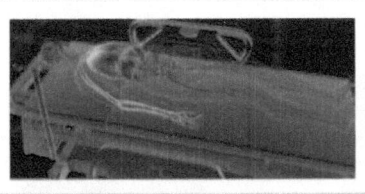

3. Durante este tiempo el FDG se distribuye por todo el cuerpo, acumulándose en los tejidos corporales con alta demanda de energía, especialmente los tumores.

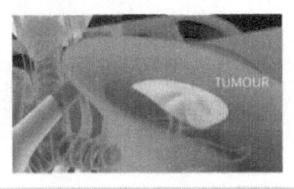

4. La fluordesoxiglucosa se transporta de los vasos sanguíneos hacia los alrededores de las células tumorales y una vez en ellas, decae, emitiendo un positrón.

5. Los positrones reaccionan con los electrones cercanos en una reacción de anhilación, produciendo un par de rayos gamma en direcciones opuestas.

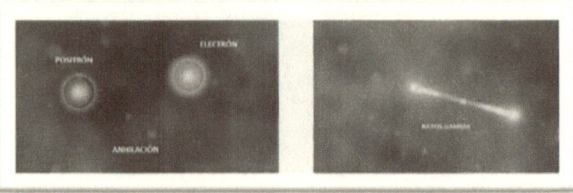

6. Los pares de rayos gamma son detectados por la gamma cámara en el PET.

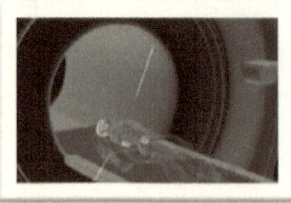

7. Las áreas con tejido tumoral pueden ser vistas en las imágenes del PET.

PROPÓSITO DE UTILIZAR LAS MODALIDADES PET-CT

El PET-CT representa lo más avanzado en Diagnóstico por Imágenes. Es un método diagnóstico que permite combinar dos técnicas médicas: la Tomografía Computada y la Medicina Nuclear.

La función del estudio PET-CT es la de evaluar el estado del paciente en base al aspecto metabólico y estructural de su organismo para un diagnóstico certero y confiable con los mayores detalles posibles sobre el estado actual del mismo.

El aspecto metabólico es visible gracias a los radiofármacos que se le inyectan al paciente para poder visualizar los posibles cambios químicos en su cuerpo asociados con la enfermedad en el PET. El aspecto estructural es visible con la CT que permite visualizar los cambios estructurales que un posible padecimiento provoca como lo son los tumores cancerosos.

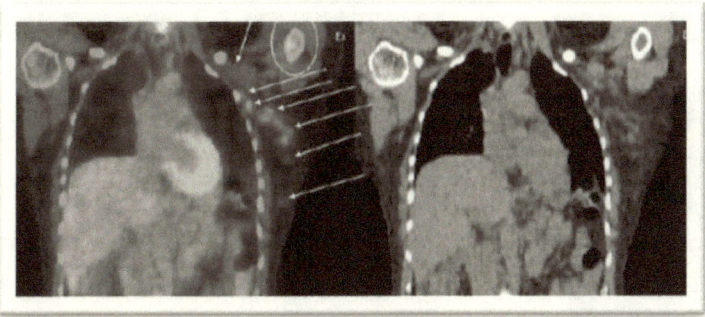

Numerosas pequeñas adenopatías axilares y retropectorales izquierdas hipermetabólicas al PET (flechas), algunas de las cuales son negativas a la TC. Captación normal de FDG en corazón e hígado.

La imagen que nos brinda el equipo de PET CT conjuga dos imágenes para crear una imagen híbrida compuesta por:

- PET: Nos muestra una imagen fisiológica y de actividad molecular del cuerpo.

- CT: Muestra una imagen anatómica de los tejidos, huesos, cerebro, tórax, etc., del paciente.

Esto, con el propósito de que al conjugar la información de la imagen del CT con la del PET sea posible detectar con una mayor precisión algún cambio o alteración en el organismo que indique la presencia de cáncer o algún otro padecimiento en el cuerpo del paciente.

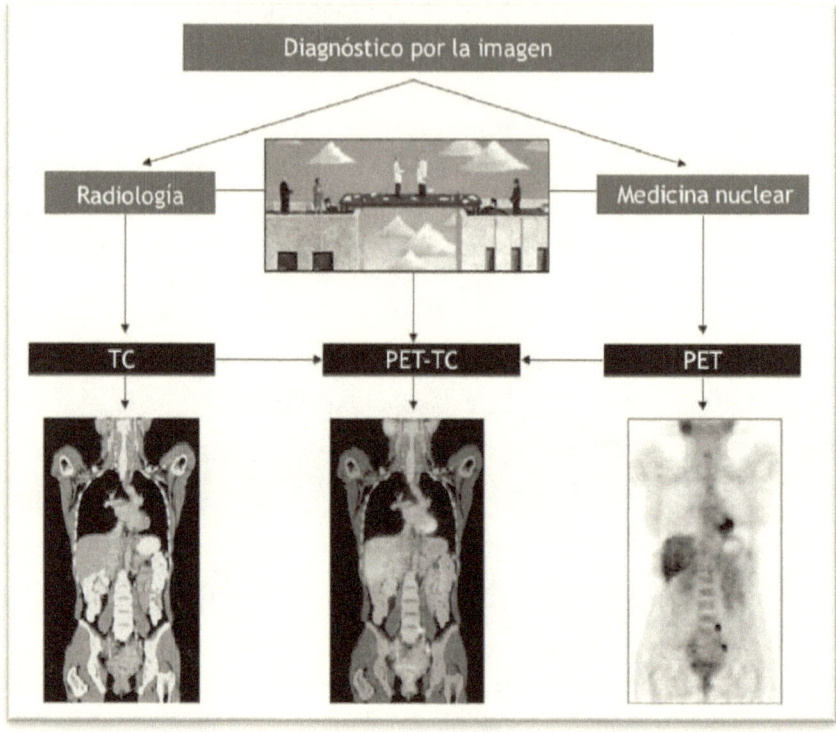

Unión de dos modalidades de radiología, para un diagnóstico por imagen

En los últimos años el PET-TC ha experimentado un crecimiento exponencial, abriendo nuevas posibilidades en el campo de imágenes diagnósticas. Actualmente juega un papel esencial en el diagnóstico, estatificación, evaluación de respuesta al tratamiento y sospecha derecaídas, que pueden ser estudiadas más tempranamente, más rápidamente y en forma más segura que con los métodos tradicionales, generando un gran impacto en la conducta terapéutica de distintos tipos de enfermedades.

Los beneficios de un estudio combinado por PET/TC incluyen:

- Más detalles con un mayor nivel de precisión; debido a que ambos estudios se realizan de una vez sin que el paciente deba cambiar de posición, hay menos margen de error.

- Más conveniencia para el paciente que se somete a dos exámenes (PET y CT) de una sola vez, en lugar de en dos momentos diferentes.

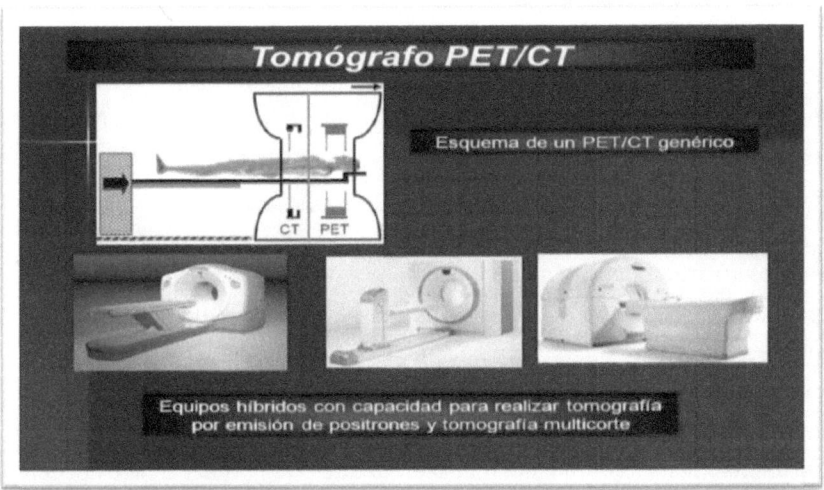

RIESGOS

La protección frente a las radiaciones requiere en primer lugar entender bien la naturaleza del problema para tomar las precauciones adecuadas. La protección frente a la contaminación pasa por trabajar con la máxima pulcritud en un ambiente limpio y hay tres formas fundamentales de protección frente a la irradiación:

- Tiempo: La dosis es directamente proporcional al tiempo de exposición.

- Distancia: Ley de la inversa del cuadrado. La intensidad de la radiación es inversamente proporcional al cuadrado de la distancia.

- Blindajes o Pantallas: Son barreras situadas entre el producto radiactivo y los usuarios que eliminan o atenúan la radiación. La elección de la pantalla adecuada depende del tipo de emisión. Para los emisores gamma o rayos X, se necesitan materiales pesados como el plomo para atenuar las radiaciones, ya que la radiación electromagnética no se detiene, al chocar con la materia.

Debido a las pequeñas dosis de radiofármaco administradas, los procedimientos de diagnóstico de medicina nuclear tienen como resultado una relativamente baja exposición del paciente a la radiación, pero aceptable para los exámenes diagnósticos. Por ende, el riesgo de radiación es muy bajo en comparación con los posibles beneficios.

Los procedimientos diagnósticos por medicina nuclear se han utilizado por más de cinco décadas, y no se conocen efectos adversos a largo plazo provocados por dicha exposición a baja dosis. Pueden presentarse reacciones alérgicas a los radiofármacos, pero con muy poca frecuencia y normalmente son suaves. Sin embargo, usted debe informar al personal de medicina nuclear sobre cualquier alergia que pueda tener u otros problemas que pueden haber ocurrido durante un examen anterior de medicina nuclear.

Las mujeres siempre deben comunicar a su médico o tecnólogo si existe alguna posibilidad de que se encuentren embarazadas o lactando

Igualmente, es importante seguir las normas que se detallan a continuación:

1. Está prohibido el ingreso de niños a menos que sean pacientes; comer, beber, fumar, la aplicación de cosméticos, el uso de zapatos

descubiertos y tarjetas o esferos colgantes en los laboratorios donde se manipule radiactividad.

2. No introducir objetos personales en el área donde se manipulan productos radiactivos.

3. Usar ropa de laboratorio y guantes de látex cuando se trabaje con productos radiactivos.

4. Lavarse las manos cuidadosamente después de trabajar con productos radiactivos, aunque no se detecte contaminación.

5. Las personas con heridas abiertas no pueden manipular productos radiactivos.

6. Trabajar con el material radiactivo en una zona exclusiva, sobre papel absorbente y bandejas.

7. Usar las pantallas protectoras de radiación cuando sea necesario. Usar gafas protectoras o bien trabajar protegidos por una pantalla de metacrilato, aunque la radiación no lo requiera, como protección contra las proyecciones.

8. Usar los dosímetros personales (TLD) y electrónicos.

9. Mantener en todo momento una limpieza escrupulosa en el área de trabajo. Las contaminaciones y manchas pequeñas se deben limpiar de inmediato.

10. Comprobar la ausencia de contaminación en la zona de trabajo, aparatos, guantes, etc. al iniciar el trabajo, frecuentemente durante el trabajo y al finalizar.

11. Mantener los residuos radiactivos en contenedores cerrados. Evitar la acumulación de material radiactivo en los laboratorios.

12. Transportar el material radiactivo de forma que se impidan derrames (ver metodología de transporte de material).

13. No mezclar residuos sólidos y líquidos.

IMPORTANCIA DE LA QUÍMICA EN LOS ESTUDIOS PET-CT

Como ya explicamos anteriormente, en el PET-CT se utilizan radiofármacos que son preparados radiactivos aptos para ser administrados a los seres humanos mediante los cuales se pueden diagnosticar y tratar ciertas enfermedades principalmente de origen canceroso.

RADIOTRAZADORES

Los radiotrazadores o radiofármacos son sustancias químicas que unidas a isótopos radioactivos se incorporan de forma selectiva en la zona a explorar, permitiendo estudiar el funcionamiento de diferentes órganos.

Todo radiofármaco suele estar compuesto por dos fracciones:

- El radionúclido. Fracción que emite la radiación que es detectada por el instrumental específico (Gammacámara o PET).

- El fármaco. Fracción química, orgánica o inorgánica, que determina la biodistribución del radiofármaco hasta el órgano diana y su posterior localización.

Los radiofármacos incluyen diversidad de formas físicas y químicas: elementos, sales inorgánicas, moléculas orgánicas, compuestos de coordinación, suspensión de partículas, células. La forma en la que se administran a las personas varía según el radiofármaco empleado, muchos de ellos se administran por vía oral, y otros tantos por vía intravenosa.

CARACTERÍSTICAS DE LOS RADIOTRAZADORES

Los radiotrazadores poseen una doble naturaleza; por una parte la molécula posee características que hacen que se distribuya por el organismo de forma específica, pero son los isótopos radiactivos emisores de rayos gamma que llevan artificialmente incorporados, los que permiten su detección, y por tanto la puesta en evidencia del resultado de los procesos que hacen que esta sustancia se deposite en distintas localizaciones.

La elección del trazador es de fundamental importancia dado que, cualquiera sea su naturaleza, debe cumplir con los siguientes requisitos:.

- Ser fácilmente detectable en bajas concentraciones.

- Comportarse en forma idéntica al producto bajo estudio.

- Poder ser detectado fácilmente y sin ambigüedades.

- No precipitar, no ser absorbido por el medio, ni ser removido del sistema por algún otro mecanismo.

- Las operaciones de inyección, medición y muestreo no deben afectar el comportamiento del sistema.

- Tener buena disponibilidad y costo aceptable.

- La concentración residual del trazador al finalizar la experiencia debe ser mínima.

Por ello debe trabajarse con la forma química adecuada para cada problema en particular. En el caso de tratarse de un radioisótopo, debe llenar, adicionalmente, requisitos relativos al tipo y energía de la radiación emitida y al período de semi- desintegración.

¿Qué es la Fluordesoxiglucosa - FDG?

El radiofármaco más usado para la realización de un estudio PET-CT es la Fluordesoxiglucosa, cuyo nombre completo es 2-fluoro-2-desoxi-D-glucosa, pero suele utilizarse su forma abreviada FDG. Es una molécula análoga de la glucosa usada como marcador metabólico que ingresa a las células, tumorales o no, a través de los diferentes receptores de membrana, sigue la misma vía metabólica de la glucosa y es fosforilada por la hexoquinasa, en presencia de la glucosa 6- fosfatasa, convirtiéndola en 18F-FDG-6 fosfato, pero a partir de este punto no continúa esta vía y es acumulada intracelularmente con mayor concentración en las células tumorales. Esta diferencia de concentraciones dada por el mayor consumo de glucosa y menor cantidad de glucosa 6-fosfatasa son la base del diagnóstico. Este radiofármaco permite el estudio del metabolismo celular de la glucosa y es el más utilizado en el PET gracias a su mayor disponibilidad, ya que su periodo de semidesintegración es de 110 minutos, lo que permite su desplazamiento a los diferentes centros de producción.

Una vez administrada al paciente, la FDG se incorpora a las células quedando atrapada, sin ser metabolizada. Esto permite evaluar la actividad glucolítica que es más elevada en células neoplásicas comparada con células normales.

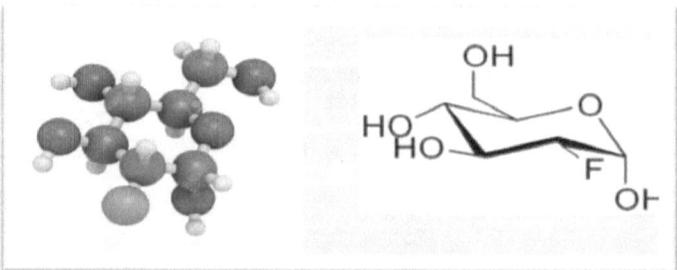

Producción del FDG

Las condiciones del bombardeo con partículas de alta energía utilizadas en el Ciclotrón (Acelerador de partículas) médico para producir 18F destruirían cualquier molécula orgánica como la desoxiglucosa o la glucosa. Por ello, el isotopo 18F debe ser creado primeramente como fluoruro en el ciclotrón. Esto puede lograrse mediante el bombardeo de neón-20 con deuterones, pero generalmente, se lleva a cabo con bombardeo de protones de agua enriquecida con 18º, lo que da lugar a una reacción de síntesis de 18F marcado radiactivamente en forma de ácido fluorhídrico (HF). La rápida desintegración radiactiva del 18F obtenido, precisa que sea inmediatamente incorporado a la desoxiglucosa mediante una serie de reacciones químicas automatizadas llevadas a cabo en una "cámara caliente" dispuesta al efecto. Seguidamente, la FDG marcada, puesto que presenta un periodo de semidesintegración de solo 109.8 minutos, es distribuida a los centros correspondientes de la forma más rápida posible.

Ciclotrón
(Acelerador de Partículas)
RFCA en Ciudad del Saber

Área de síntesis en la RFCA

Mecanismo de acción y metabolismo

La 18FDG es sin duda el radiofármaco PET más importante. Esto se debe no sólo a su aplicación al estudio de patologías muy diversas, sino también a sus características metabólicas y a la rapidez de su síntesis.

La FDG como análogo de la glucosa, es incorporado principalmente por aquellas células con elevadas tasas de consumo de glucosa como el cerebro, el riñon y las células cancerígenas o inflamatorias, donde la fosforilación de la misma impide que sea liberada al medio. Las células metabólicamente activas presentan un aumento en la expresión de proteínas transportadoras de glucosa, que introducen la FDG en el interior de las células, donde es fosforilada pasando a 18F-FDG-6-Fosfato. La 18F-FDG-6-Fosfato es atrapada en el citoplasma, dado que la enzima Glucosa-6-Fosfato-Deshidrogenasa no tiene acción sobre esta variante de glucosa, deteniéndose en este estadio el metabolismo de la glucosa fluorada. Este hecho, y la sobreexposición de las proteínas transportadoras GLUT, posibilitan que la FGD se acumule en el interior de la célula y exista una mayor concentración del trazador en las células metabólicamente activas en relación al tejido normal, lo que proporciona una alta relación de contraste.

Mientras la radioactividad de la FDG permanezca, la molécula no podrá ser degradada o utilizada en ninguna ruta metabólica, a causa del Flúor radioactivo en la posición 2 de la molécula. Sin embargo, a la medida que la radiactividad vaya decayendo, el flúor se convertirá en 18O, el cual podrá captar un catión de H+, y así convertirse en Glucosa-6-fosfato, marcada con un oxigeno pesado (oxigeno-18) totalmente inocuo en la posición 2, que podrá ser metabolizada normalmente por cualquiera de las rutas ordinarias utilizadas por la glucosa.

La detección del metabolismo del FDG mediante equipos PET o PET-CT permite obtener imágenes tomográficas y cuantificar parámetros fisiológicos.

En un PET del cuerpo completo realizado entre una y dos horas después de la administración endovenosa de 18F-FDG, el cerebro, corazón, y tracto urinario son los sitios más prominentes de acumulación del radiofármaco. El cerebro, un usuario obligado de glucosa, tiene siempre prioridad relativa al resto del cuerpo. Tanto la sustancia gris supratentorial como infratentorial captan con avidez 18F- FDG, y su nivel de captación se encuentra en el rango típico de las neoplasias con captación de 18F-FDG. El miocardio tiene una captación de 18F-FDG similar en el estado posprandial, pero con un ayuno lo suficientemente largo (típicamente más de 12 horas), el metabolismo del miocardio cambia al consumo de ácidos grasos como fuente de energía, y la captación miocárdica se vuelve en gran parte indistinguible de la actividad del radiofármaco en sangre. La 18F- FDG tiene una ruta de eliminación urinaria, y en ausencia de una hidratación agresiva, diuréticos y cateterización urinaria, está presente en la vejiga y en grados variables en el tracto urinario superior.

En cualquier parte del cuerpo, la actividad del radiofármaco se distribuye en niveles bajos en estructuras anatómicas reconocibles en imágenes corregidas para atenuación. El lecho vascular de los grandes vasos mediastinales y cardiacos es indistinguible en comparación con la captación muy baja de los pulmones. El hígado y el bazo están asociados con una actividad de 18F-FDG ligeramente más alta que el lecho vascular, y son identificados en forma confiable en el abdomen, como también son fácilmente identificables los riñones. El páncreas normalmente no es detectado. Los intestinos se observan en grados variables, como sucede con el estómago, debido a un nivel muy amplio de captación de 18FFDG en el tubo digestivo. La médula ósea normalmente se asocia con captación de 18F-FDG en niveles ligeramente más altos que la actividad sanguínea, los cuerpos vertebrales son identificados continuamente, así como otras estructuras esqueléticas que contienen médula ósea como la pelvis, cadera y esternón. El tejido linfoide en el cuello que está asociado con las amígdalas palatinas se muestra de forma constante ávido de 18F-FDG y típicamente es visible con claridad. La actividad de 18F-FDG en el cuello asociada con la musculatura laríngea o el tejido tiroideo es observada frecuentemente. El tejido glandular de la mama se asocia con niveles de baja captación, ligeramente mayores que el del lecho sanguíneo del mediastino en mujeres jóvenes.

En reposo, el músculo esquelético utiliza un metabolismo oxidativo de ácidos grasos para obtener energía. Con una demanda de energía aumentada, la glucólisis se vuelve la principal fuente de energía para el músculo esquelético y depende de la entrega relativa de oxígeno y la capacidad oxidativa del tejido. Las fibras musculares rápidas, con mitosis escasas y capacidad oxidativa limitada, se asocian con una demanda alta y constante de la glucosa. Los músculos extraocularis rutinariamente muestran acumulación de 18F-FDG elevada.

Estructura molecular

Formula: C6H11FO5

La 2-18F-fluoro-2-desoxi-D-glucosa (18F-FDG) es un análogo de la glucosa en el que se ha sustituido el grupo hidroxilo del carbono por un átomo de flúor.

Estructura de 2-18F-fluoro-2-desoxi-D-glucosa (18F-FDG)

Estructuras Moleculares de 2-18F-fluoro-2-desoxi-D-glucosa (18F-FDG)

Proceso:

a) Fluorodesoxiglucosa

b) B decae de un protón emite un positrón (y cambia de flúor oxigeno); desde un positrón es la antimateria equivalente de un electrón, cuando encuentra el electrón más cercano que aniquilará. La cuestión dejará de existir y se convertirá en energía en forma de rayos gamma de luz. Los dos rayos gamma producidos cada uno tendrá 511 keV de energía.

c) Con un poco de ácido, el producto este a la glucosa y continuar a través del ciclo de la energía en la célula. Hasta la desintegración radiactiva, la molécula se ha quedado atascado. No hay química disponible a la célula para procesar la glucosa con flúor sustituido, una vez que el F se convierte al grupo hidroxilo, la química puede proceder como normal (con un pesado pero estable átomo de oxigeno).

A manera de conclusión, podemos recalcar que la TC muestra el detalle anatómico para brindarle al especialista la ubicación exacta, tamaño y forma del tejido enfermo o tumor, detectado por el PET. La PET-CT ha demostrado una exactitud diagnóstica superior a la PET sola, permitiendo un diagnóstico definitivo en un 20-40% más de casos que con PET, y su utilización ha conducido a cambios en el manejo terapéutico de un porcentaje alto de pacientes. El hecho de combinar en una única exploración información anatómica y funcional simultáneamente hace que esta tecnología presente diversas ventajas frente a la PET y TAC solas.

Debido a que el metabolismo de la glucosa es un proceso diseminado, existe una captación de 18F-FDG normal en muchas localizaciones a través del cuerpo. Los tumores tienen generalmente una captación alta de 18F-FDG, lo que permite su detección utilizando el PET. El conocimiento de la distribución y variantes normales de la captación de 18F-FDG es esencial para diferenciar lo patológico de lo fisiológico.

IMPORTANCIA DE LA FUROSEMIDA EN EL PET-CT

Caso clínico

"Nada es veneno, todo es veneno: la diferencia está en la dosis."
—*Paracelso*

Antecedentes.

Paciente femenina de 49 años, 62 kg de peso, 1.60 m de estatura, abogada independiente, divorciada, un hijo. Diagnosticada histológicamente con carcinoma epidermoide y clínicamente con cáncer cervicouterino (CaCu) con estadío y etapa clínica IB. Se realizó histerectomía en el 2015. Recibió radioterapia con fines curativos (45 Gy al área pélvica) desde marzo hasta abril del 2016. En enero del 2017 la paciente refiere dolor a nivel lumbar y pierna izquierda por lo cual se realizó una TC abdomino-pélvica, mostrándose una masa de 4.8 cm unida al muñón que envuelve el uréter izquierdo y un ganglio paraórtico cuya biopsia dio positiva por carcinoma.

INDICACIÓN

En vista de que la paciente ya fue irradiada en el área pélvica, el radioterapeuta tratante solicita realización de estudio simple de PET-CT con 18F- FDG a fin de poder establecer nuevo plan de tratamiento. El médico nuclear encargado, luego de evaluar el caso, solicita inyección de furosemida posterior al escáner de cuerpo entero para la realización de un segundo escáner pélvico 30 minutos después de la inyección, para una mejor evaluación e identificación de recurrencia de la enfermedad.

El PET-CT ó tomografía por emisión de positrones con tomografía computada, es un estudio de diagnóstico por imágenes de Medicina Nuclear, que es una sub especialidad en el campo de la Radiología, en el cual se emplean cantidades muy pequeñas de material radioactivo para diagnosticar y determinar la gravedad, o para tratar, una variedad de enfermedades (varios tipos de cánceres, enfermedades cardíacas, gastrointestinales, endocrinas, desórdenes neurológicos, y otras anomalías dentro del cuerpo). La parte CT nos facilita la información anatómica, mientras que la parte PET nos brinda la información metabólica. La fusión de ambas imágenes nos permite obtener los diagnósticos por imágenes de PET-CT.

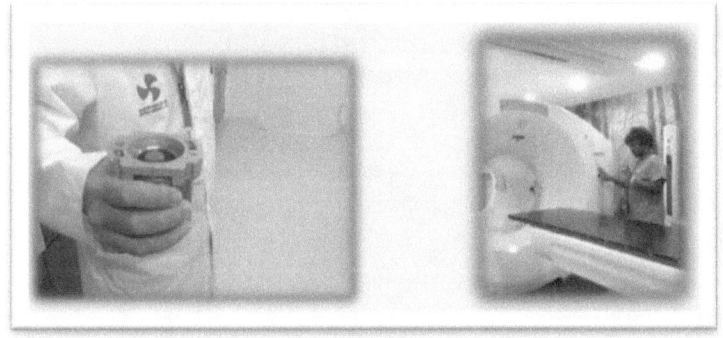

Contenedor del vial con dosis de FDG   Equipo PET-CT

PROFESIONALES INVOLUCRADOS EN EL ESTUDIO

El estudio es realizado por el tecnólogo en radiología e imágenes médicas, con la supervisión de la especialista en medicina nuclear, el médico tratante y el físico médico encargado de protección radiológica.

Dr. E. Chérigo   Dra. Y. Herrera   Prof. J. Alexander   Mgtr. E. Ábrego

Radioterapeuta   Especialista en MN   TRT - LRIM   EPR

ANTECEDENTES FARMACOLÓGICOS

Vía Oral – Clexane, vía IV – Enantyum. Dejó de inyectarse Vitamina C en Nov. 2016.

CUESTIONARIO Y CONSENTIMIENTO INFORMADO

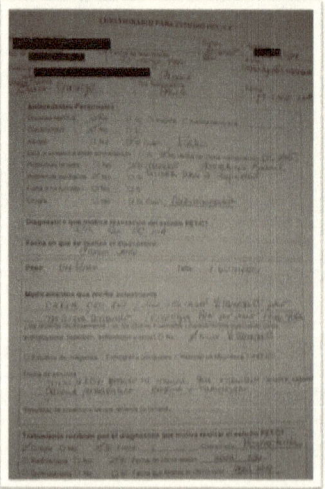
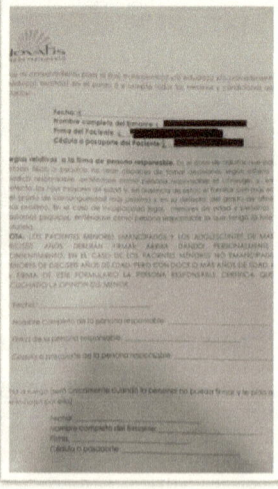

El día de la evaluación y/o entrevista con la especialista en Medicina Nuclear, a la paciente se le entregó un formulario llamado "Consentimiento Informado", en el cual, se explica lo concerniente a la realización del estudio, posibles efectos adversos, implicaciones de la utilización de un radiofármaco para su estudio, posibilidades de que su caso pueda ser utilizado como material de docencia, etc.

Igualmente, se le hace llenar un cuestionario con datos personales, alergias, medicamentos, estudios realizados, otras enfermedades o diagnósticos, etc.

PREPARACIÓN DE LA PACIENTE PARA EL ESTUDIO PET-CT

Se necesita preparar al cuerpo para optimizar la captación del radiofármaco.

Previo al estudio:

- Idealmente el estudio se realiza tres semanas luego de su más reciente ciclo de quimioterapia y 6 semanas luego de su última sesión de radioterapia (La paciente recibió su última sesión de quimioterapia y radioterapia en abril del 2016).
- El día antes del estudio la paciente llevó una dieta baja en carbohidratos (no consumió dulces, papa, harinas, arroz, yuca, pan, chicles, jarabes para la tos, vitaminas, bebidas azucaradas ni café).
- Se le indicó que podía comer proteína en forma de carne de res, pescado, pollo, las legumbres también son permitidas.
- No realizó ningún tipo de esfuerzo físico ni se ejercitó 24 horas antes del estudio.
- El día del estudio tenía 12 horas de ayuno (se requiere mínimo 6 horas de ayuno para el mismo, excepto en niños menores de 6 años, el ayuno en ese caso será de 3 horas).

- Bebió únicamente agua (no saborizada) el día del examen, según indicaciones.
- Ingirió sus medicamentos acostumbrados 12 horas antes del estudio (clexane y enantyum).

El día del estudio

- Se le indica que debe vestirse con ropa cómoda sin accesorios metálicos, pero se le facilita una bata desechable para el estudio.
- El día de la cita se le sugiere a la paciente que hable lo menos posible.
- La paciente se presenta 60 minutos antes de la hora programada para su inyección, según indicaciones.

PROCEDIMIENTO PARA EL ESTUDIO PET-CT

1. Como tecnóloga encargada, procedo a realizar el control diario del equipo PET-CT, efectuando las pruebas de seguridad y las pruebas mecánicas tales como: movimientos del equipo, equipos de audio y visualización, interruptores de emergencia, verificación de los láseres de alineación y el calentamiento del equipo.
2. Imprimo el flujo de trabajo del día.
3. Verifico y reviso el expediente clínico de la paciente.
4. Espero la llamada de la RFCA para la confirmación de la liberación del fármaco. Una vez recibida la llamada, coordino con el físico encargado de protección radiológica para la preparación del Intego ó sistema de infusión automática del FDG (colocación del SAS y el PAS para la prueba del primer cebado).
5. Verifico que los documentos y/o formularios estén debidamente firmados antes de pasar al paciente a canalización (consentimiento informado, consentimiento financiero, recibido de panfleto y en caso de suspensión del estudio).

6. Informo al paciente todo lo referente al proceso del estudio que se le va a realizar, a fin de lograr su colaboración durante el desarrollo del mismo.
7. La enfermera procede a canalizar a la paciente.
8. Paso a la paciente al cuarto de inyección, introduzco los datos requeridos en el sistema automático de inyección Intego (nombre, cédula, sitio de inyección, técnico, dosis) y procedo con la administración del radiofármaco.

9. Le doy un litro con agua a la paciente para que la beba durante el tiempo de reposo (45 minutos).
10. Pego los datos de la inyección, impresos por el Intego, en la hoja "Datos de Adquisición de Imágenes PET" y registro igualmente los datos de la paciente en dicha hoja. Una vez terminada la inyección, descarto el PAS.
11. 45 a 50 minutos después de la inyección, le indico a la paciente que pase al sanitario a orinar.
12. Introduzco en el sistema PET-CT los datos de la paciente (verifico nombre, cédula, edad, estatura, peso y datos del trazador)
13. Paso a la paciente al cuarto de estudio y le doy el resto de la botella de agua.
14. Coloco la tabla para simulación de radioterapia y radiocirugía en la mesa del equipo PET-CT y posiciono a la paciente con los brazos

hacia arriba y los accesorios que servirán para la planificación del tratamiento y la reproductibilidad de la posición para el mismo.

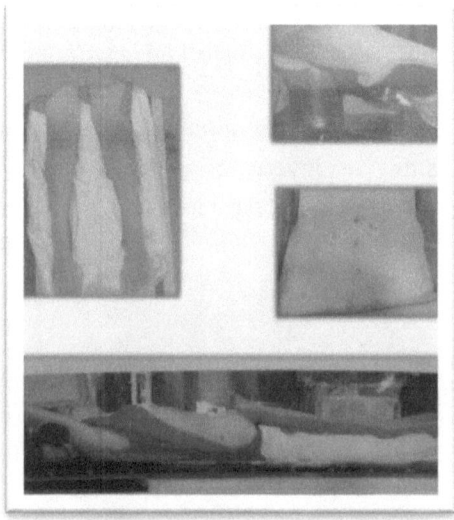

15. Realizo primeramente un scan desde el vértex hasta 1/3 medio de muslos.
16. Una vez finalizado el scan WB (whole body) Procedo a inyectarle la furosemida a la paciente para realizar el complemento de pelvis, 30 minutos posterior a la inyección. De tal forma que se pueda eliminar la posibilidad de falsas adenopatías hipermetabólicas en el tracto urinario y estar más seguros de un diagnóstico preciso.
17. Al finalizar el estudio, oriento a la paciente en cuanto a las indicaciones posteriores al estudio y entregarle las mismas por escrito.
    o Puede comer lo que normalmente come.
    o Continuar bebiendo al menos 3 litros de agua durante el resto del día.
    o Tirar de la cadena de dos a tres veces cada vez que utilice el sanitario.
    o Si convive con niños menores de 12 años y/o mujeres embarazadas, mantenerlos alejados durante las próximas 12 horas.

18. Realizo las respectivas reconstrucciones de imágenes fusionadas para la posterior interpretación de la especialista en medicina nuclear y la radióloga.

HALLAZGOS

Adenopatías hipermetabólicas paraórtica y pélvicas y lesión adicional no observada en la tomografía realizada la semana anterior al PET-CT.

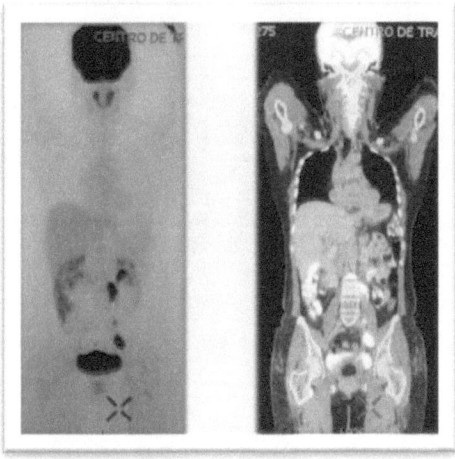

PLANIFICACIÓN

Las imágenes adquiridas son utilizadas para la planificación de la radioterapia estereotáctica corporal SBRT. Se utilizó técnica de Arcos Dinámicos (2 DArc para la lesión paraórtica con una dosis de 32.5 Gy en 5 sesiones y 2 DArc para las lesiones pélvicas con una dosis de 25 Gy en 5 sesiones).

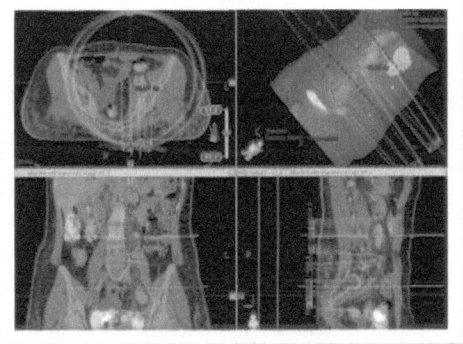

RESULTADO

Luego de su tratamiento en marzo del 2017, la paciente regresa a realizarse un PET-CT de control el 4 de mayo pasado, encontrándose una respuesta metabólica completa de la adenopatía paraórtica izquierda y parcial de las adenopatías pélvicas.

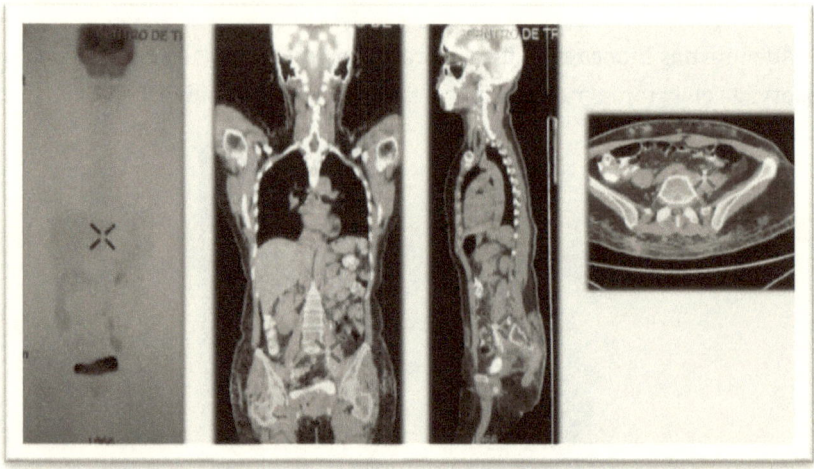

CONCLUSIONES

Con el uso de la furosemida endovenosa se logró disminuir los artefactos causados por la excreción fisiológica de la FDG-F18 por el sistema renal. En vista de que una de las lesiones se encontraba próxima al uréter izquierdo, se procuró contar con un diagnóstico preciso, evitando falsos positivos debido a los artefactos antes mencionados.

Si bien la FDG-F18 constituye hoy en día el trazador universal en PET para oncología, se trata de un marcador de actividad metabólica poco específico, capaz de dar resultados positivos en una variedad de condiciones fisiológicas y patológicas benignas. Sin embargo, existe importante actividad de investigación, y ya se están utilizando en muchos países, nuevos radiofármacos específicos para determinados cánceres, que disminuirán los hallazgos incidentales y que servirán para diferenciar fehacientemente la patología inflamatoria y granulomatosa de los procesos malignos. La tendencia actual en países en vías de desarrollo, donde las unidades PET/CT carecen habitualmente de un ciclotrón en el propio hospital, es obtener los radiofármacos marcados con F-18 que se distribuyen desde los centros de producción. Por ende, los protocolos de preparación del paciente, de adquisición y reconstrucción no pueden ser arbitrarios, a pesar de lo cual aún no existe completo consenso entre los diferentes grupos académicos. Sin embargo, se han publicado recomendaciones que son apropiadas para establecer formas óptimas de trabajo en una unidad PET/CT.

No todas las patologías oncológicas son detectadas por el PET, lo cual deberá tenerse en cuenta al momento de la interpretación. Por ejemplo, el cáncer medular de tiroides y otros tumores con bajo metabolismo como el renal, prostático, carcinoma bronquioloalveolar y el mucinoso de pulmón pueden no ser detectados con la FDG-F18.

El tecnólogo que introduce los datos del paciente en la consola debe ser cuidadoso ya que errores de fecha, hora, peso corporal, actividad de jeringa y su residuo afectan significativamente los valores del SUV.

CALIDAD Y DISCRECIÓN

Deontología

"La discreción es la perfección de la razón, y una guía para nosotros en todos los deberes de la vida."
—Walter Scott

Cuando hablamos de calidad, ya sea desde el buen uso y mantenimiento de nuestras herramientas de trabajo, hasta la forma como nos manejamos en el ambiente laboral, debemos pensar siempre en nuestra carta de presentación, ya que debe verse reflejada hasta en nuestro aspecto, más aún si nuestro objetivo es brindar atención a seres humanos, personas que buscan en un estudio una respuesta a sus dolencias y preocupaciones.

Por lo general, las actitudes conformistas y hasta cierto punto mediocres, por la falta de interés en preservar los detalles en el desempeño de nuestra labor profesional, pueden llevarnos a comprometer nuestro profesionalismo, prestigio y sentido común como trabajadores de la salud; e inclusive, hasta nos compromete en términos laborales, pues en la mayoría de los lugares de trabajo, estas actitudes no son tomadas a la ligera y, según sea el grado de la falta, sería una causa de despido al personal que tenga o promueva estas actitudes. La falta de empatía y humanidad en nuestro trato al paciente, afecta negativamente la calidad de nuestro trabajo.

Por el contrario, una actitud autocrítica de nuestro desempeño, una buena disposición y un gesto amable para todos y cada uno de nuestros pacientes, independientemente de su estatus social, edad y condición física, nos puede llevar a la excelencia en el servicio que debemos brindarles, ya que requieren de una atención humana, profesional y de alta calidad.

La promoción de la buena práctica tiene gran importancia, puesto que nos permite enorgullecernos con el hecho de que la imagen o estudio fue realizado por nosotros. Cuanto más seguros estemos de nuestro desempeño, mayor seguridad proyectamos hacia nuestros pacientes, lo que repercutirá en el nivel confianza que ellos sientan durante la realización de sus estudios, toda vez que se sentirán cómodos y seguros con el personal que los atiende. La calidad de cada estudio, proyección, informe y/o escrito debe contener siempre lo mejor de cada uno de nosotros, ya que, sin importar dónde se haga y qué limitantes tengamos, puede ser la diferencia entre la tristeza y la alegría, el dolor y la cura, inclusive la vida y la muerte.

El actuar con discreción, por otro lado, va muy de la mano con la calidad de nuestro trabajo, ya que implica directamente nuestros actos, sobre todo ante las personas a quienes les brindamos atención. Las relaciones interpersonales se ven afectadas mayormente cuando el plano personal interfiere con el plano profesional. Los comentarios de pasillo, también conocidos en nuestra jerga cultural como "bochinches", son aspectos detonantes de malos entendidos; trayendo como consecuencia conflictos, los cuales en ocasiones pueden llegar a tal magnitud que las personas que asisten a nuestros servicios en busca de atención, presencian intercambios de palabras entre los trabajadores, dejando muy mal visto su nivel de profesionalismo.

Ser discreto en cuanto a las propias acciones, igualmente abarca el trabajar de forma reservada, en cuanto al manejo de la información confidencial de los pacientes y el respeto a su pudor. Lo que significa que no debemos comentar a todas voces patologías, hallazgos y diagnósticos de los pacientes que atendemos.

La falta de discreción puede llevarnos a implicaciones legales que podrían poner en peligro tanto a nuestra profesión, como a la reputación de la institución en la cual prestamos nuestros servicios.

AGRADECIMIENTOS

Deseo agradecer a los profesionales que aportaron en la recopilación del material clasificado como apuntes, el cual fue logrado en colaboración con colegas y compañeros de la carrera de Radiología Médica, bajo la evaluación y asesoría de profesores de cátedras como protección radiológica, tomografía, hemodinamia, deontología, radiología digital e informática. A todos ellos, ¡muchas gracias!

BIBLIOGRAFÍA

- Alexander, J. Ensayo: Aspectos Positivos de la Digitalización en Radioterapia. Diciembre, 2017.

- Alexander, J. Cancer Therapy and Oncology International Journal. Importance of Furosemide in PET-CT for SBRT Planning in Persistent Cervicouterine Cancer. Junio 19, 2017.

- Alexander, J. Journal of Cancer Prevention and Current Research. SBRT (Stereotactic Body Radiation Therapy) - Stereotactic Body Radiosurgery. Octubre 30, 2015.

- Alexander, J. Journal of Cancer Prevention and Current Research. Stereotactic Radiotherapy and Radiosurgery (SRT and SRS) Treatment Planning. Mayo 19, 2015.

- Alexander, J. Journal of Cancer Prevention and Current Research. Stereotactic Radiosurgery and Radiotherapy in Panama. Abril 2, 2015

- Alexander, J. Journal of Cancer Prevention and Current Research. Technological Advances in Panama. Febrero 13, 2015.

- Asociación Nacional de Técnicos de Radioterapia (A.N.T.RAD.), Perfil del Técnico en Radioterapia. Panamá, 2003.
- Factores que influyen en la Protección Radiológica al paciente de Radioterapia, Jaime Isaías Aguirre Ruiz, Instituto Nacional de Enfermedades Neoplásicas (INEN) Lima-Perú.

- Protección Radiológica en Radioterapia Parte 10: Buena práctica incluyendo Protección Radiológica en EBT Lectura 2: Dosimetría, Material informativo en Protección Radiológica en Radioterapia, OIEA.

- Bucsko JK. SPECT/CT – The future is clear. Radiology Today, 5 (2004), pp. 30

- Margulis AR, Sunshine JH. Radiology at the turn of the millenium. Radiology, 214 (2000), pp. 15-23

- Fadente. Recuperado de: http://www.fadente.es/categoria/radiologia-digital/

- Alexander, Jasmina. Guía de Radiocirugía y Radioterapia Estereotáctica Panamá, 2013. Recuperado de: http://www.radiocirugiapanama.blogspot.com

- Alexander, Jasmina. Técnicos en Radioterapia y Radiología Médica Panamá, 2014. Recuperado de: http://www.tecnicosenradioterapia.blogspot.com

- Revista chilena de radiología Recuperado de: http://www.scielo.cl/scielo.php?script=sci

- Cluster Monterrey ciudad de la Salud PET-CT para qué sirve? Recuperado de: http://clustermonterrey.herokuapp.com/blog/que-es-el-estudio-pet-ct-scan-y-para-que-sirve

- Multitom Rax. Erlangen, Alemania. 17 de noviembre de 2015. Recuperado de: http://www.elhospital.com/temas/Equipo-de-rayos-X-con-dos-brazos-roboticos-de-techo-Multitom-Rax+108955

- http://www.sirona.com/Avances en Equipos y Sistemas Radiológicos para Odontología

- http://www.sonrisaparatodos.com/ Radiografía Dental Digital

- Rwanda : Mobile phones now to be used for Ultrasound scan(TechRwanda)

- Elliptic Labs. En Xataka Móvil | Redes ultrasónicas como alternativa a NFC y Bluetooth

- Innovae. Septiembre 2016. Madrid. Recuperado de: http://realidadaumentada.info/contacto/

- De la Cámara Egea, Miguel Angel. 2016, 17 de febrero. Radiología Club. Recuperado de: https://radiologiaclub.com/2016/02/17/la-realidad-aumentada-aplicada-a-la-radiologia/

- Duarte López, María Alejandra. 2014, 27 de mayo. Prezi, Multimedia realidad virtual, realidad aumentada. Recuperado de: https://prezi.com/cu6o5sb-z7ae/multimedia-realidad-virtual-realidad-aumentada/

- Centro de difusión de ciencia y tecnología. México. http://www.cedicyt.ipn.mx/RevConversus/Paginas/RealidadAumentada.aspx

- Actual Pacs. 2016, 31 de marzo. Recuperado de: www.actualpacs.com/blog/2016/03/31/radiologia-realidad-aumentada-como-tecnologia-afecta-disciplina/

- G. Martínez Mier; L.H. Toledo-Pereyra. Revista Cirujano General. Volumen 22. Núm. 3. Julio - Septiembre 2000. Pág. 257-263.

- Dr. J.R. López Luciano. Manual de Hemodinamia y Aplicaciones Clínicas en Cardiología. Cap. 2. Págs. 3-27.

- Luis Barceló Querol y Jordi Subirana Perpiñà. (2015). AEEV. Obtenido de aeev.net: /www.aeev.net/area-radiologia.php

- Oldany, R. D. (22 de mayo de 2011). slideshare. Obtenido de slideshare.net: https://es.slideshare.net/ruben1590/pelviscompleto

- Vasquez, J. C. (28 de septiembre de 2013). Silide Share. Obtenido de Slideshare.com: https://es.slideshare.net/jcarlosvaldezc/irrigacion-pelvica

- http://programaderadiologia.blogspot.com/2012/07/medios-de-contraste.html